軍事依存経済

しんぶん赤旗経済部

新日本出版社

はじめに

経済と軍事の両分野は、ともするとと別々のテーマとしてとらえられがちです。しかしこの経済と軍事は、実際には強固に結びつき、連動しながら展開しています。憲法9条を乱暴に踏みにじり戦争法を強行した安倍晋三政権に対し、「戦争法ノー」の市民運動、国民運動が盛り上がり、経済に民主主義を求めるたたかいが広がっています。このたたかいに呼応する形で、私たち「しんぶん赤旗」経済部は、安倍晋三政権の経済政策である「アベノミクス」の検証・批判を続けてきました。その中ではっきりと浮かび上がってきたものがありました。それが、本書のテーマとなっているもので、安倍政権が進める憲法違反の戦争する国づくりは、経済の軍事化を必然的にともない、戦後の日本経済の土台を破壊するということでした。私たちは、この経済と軍事の両者を包括的にとらえることで、「アベノミクス」という経済政策の本質をつかむことができると考えています。

「しんぶん赤旗」に掲載したシリーズ連載「軍事依存経済」（2015年8月から2016年6月＝本書Ⅱ～Ⅴ部）は、その課題に取り組む私たちの挑戦の一つでした。本書は、歴史的なたたかいの盛り上がりの中で生まれたこの連載に加え、同じく「赤旗」に掲載したシリーズ「変貌する経済」の「軍事化の足音」（2014年11月から12月＝本書Ⅰ部）を組み込んだうえで、その後の事態の展開にあわせて書き加えたものです（肩書きや年齢は連載当時のまま）。

●軍事と安保は表裏一体

安倍首相が、経済と軍事が一体不可分のものであると、その本音を隠さずに語ったことがあります。2015年4月の訪米時のことです。

この訪米で安倍首相は、暴走政治のいっそうの推進を米大統領に約束しました。①アメリカとともに「海外で戦争する国」づくりを推進する日米同盟の強化②沖縄・辺野古での米軍新基地建設の強行③日本の食と農を破壊し経済主権を売り渡す環太平洋連携協定（TPP）の早期妥結―などです。そして、日本の首相として初めてアメリカの議会上下両院合同委員会で演説（4月29日）し、日米同盟を「希望の同盟」とたたえました。

米議会での演説を終えた安倍首相は、その足で「笹川平和財団米国」主催のシンポジウムに出席し、「日本の世界的役割」と題して次のように講演しました。

「強い日本は、安定して成長する経済に土台を置きます。若い世代の日本人が、自分と自分の国と、その両者の将来について、自信をもつところから始まります。私の外交・安全保障政策は、アベノミクスと表裏一体であります」

さらに質疑応答の中では、「経済を成長させ、そしてGDPを増やしていく。それは社会保障の財政基盤を強くすることになりますし、当然、防衛費をしっかりと増やしていくこともできます」と述べました。

ここで安倍首相がいう社会保障の「財政基盤強化」の本質は、年金、医療、介護、生活保護など各分野にわたる全面的な切り捨てです。注目すべきは、国内総生産を増やせば、軍事費を増やすことができる、と安倍首相が明言していることです。戦争法の成立強行（2015年9月19日）後に掲げた「国内総生産（GDP）600兆円の実現」という目標も、首相にとっては、国民生活を豊かにする手段としてではなく、軍拡のための基盤づくりとして考えられているのです。

●国家安全保障戦略──突き進む軍事力強化路線

2013年12月17日、安倍政権は「国家安全保障戦略」（以下「戦略」）を閣議決定します。この「戦略」は、「外交政策および防衛政策を中心とした国家安全保障の基本方針」であり、日本として初めて策定したものです。「長期的視点から国益を見定めたうえで、わが国がとるべきアプローチを導きだしている」（『防衛白書』2015年版）と位置づけられています。

「戦略」は、冒頭の「策定の趣旨」の項で、「我が国の国益を長期的視点から見定めた上で」「国家安全保障のための方策に政府全体として取り組んでいく」とし、「グローバル化が進む世界において、我が国は、国際社会における主要なプレーヤーとして、これまで以上に積極的な役割を果たしていく」と宣言しました。

この「戦略」の文言には、軍事大国化を狙う本質的な意味合いが塗り込められています。中国の台頭など世界の政治地図が大きく塗り変わろうとしている時代において、日本は国際社会の中で「主要なプレーヤー」としての役割を果たす国であると再確認し、対米従属の下、「これまで以上に」安全保障面でのアメリカの肩代わり役を「積極的な役割」として自らに課すというのです。

まずは、武器輸出三原則の見直し・解禁です。「戦略」を受けて安倍政権は2014年4月、これまで憲法の下で自民党政権がまがりなりにも採用してきた武器輸出禁止の原則を放棄したのです。

武器生産を担う日本の軍事産業は、「死の商人」といわれることについては、企業イメージのダウンにつながるため、その批判を嫌がります。しかし一方では、武器輸出解禁を利益拡大のチャンス到来と歓迎しています。

日本最大の軍事企業である三菱重工業は、2016年6月10日に開いた事業説明会の際の資料に、武器輸出解禁を「新規海外事業開拓」を進める「梃」にすることを明記しました。電機産業からも「東芝は主にレーダー関係が多い。実際に、三原則が見直されて以降、海外のメーカーからいろいろ問い合わせがある」（東芝幹部）などの声が公然とあがっています。

「戦略」は軍事産業を「防衛生産・技術基盤」と呼び、軍事力の「重要な要素」と位置づけて、育成・強化の必要性を特別に強調しました。

「防衛生産・技術基盤は、防衛装備品の研究開発、生産、運用、維持整備等を通じて防衛力を支える重要な要素である。限られた資源で防衛力を安定的かつ中長期的に整備、維持及び運用していくため、防衛装備品の効果的・効率的な取得に務めるとともに、国際競争力の強化を含めたわが国の防衛生産・技術基盤を維持・強化していく」

軍事産業強化の文脈の中で「国際競争力の強化」を掲げた意味は重大です。これは他国企業に競り勝って武器の輸出を実現するという意思表示です。日本の軍事産業の生産能力を増強するために、国をあげて海外に武器を売り込む構えを示したのです。

また、「戦略」は大学が持つ技術情報の軍事への取り込みにも言及しました。「安全保障の視点から、技術開発関連情報等、科学技術に関する動向を平素から把握し、産学官の力を結集させて、安全保障分野においても有効に活用するように努めていく」とし、軍学共同を進める方針を閣議で決めました。

経済外交の手段である政府開発援助（ＯＤＡ）についても、次のように強調し、軍事戦略の視点からＯＤＡの積極的活用を進めることをうたいました。

「これまでＯＤＡを活用して、世界の開発問題に積極的に取り組み、国際社会から高い評価を得てきた。開発問題への対応はグローバルな安全保障環境の改善にも資するものであり、国際協調主義に基づく積極的平和主義の一つの要素として、今後とも一層強化する必要がある」

多国間の自由貿易協定である環太平洋連携協定（ＴＰＰ）の推進も、アジア太平洋地域における安全保障構築の問題として位置づけています。

また、「わが国と郷土を愛する心を養う」ことや、「国家安全保障に関する国民的な議論の充実や質の高い政策立案に寄与するため、関係省庁職員の派遣等による高等教育機関における安全保障教育の拡充・高度化」までうたいました。教育分野での右傾化を目指す方針を示したものです。

この「戦略」こそ、軍事戦略強化のために、経済分野だけでなく、教育、学問の分野も動員していく、という宣言にほかなりません。国権の最高機関である国会の頭越しに一内閣の閣議決定が、日本を危険な道に進ませること自体、民主主義の危機だといわなければなりません。

「戦略」がうたった「防衛装備・技術協力」の推進を具体化するための組織が、防衛省の外局として立ち上がった防衛装備庁（２０１５年10月１日）です。

武器輸出、武器の国際的な共同開発・生産を推進し、米国など他国との軍事協力を深化させるとともに、日本国内の軍事産業の育成・強化を図るための組織です。防衛装備庁の職員数は中小企業庁職員数の約10倍の１８００人。同庁が担当する予算規模は、軍事費５兆円のうち２兆円規模になると見られています。

同庁は、構想段階から軍事装備品に関わり、研究・開発、量産取得、運用・維持整備、廃棄といったライフサイクルの各段階を通じたプロジェクト管理などを行うことになっています。プロジェクト管理を主導するプロジェクト管理部には、文官、自衛官を配置し、プロジェクトマネージャーの下、プロジェクト管理を実施する体制がとられています。

ここに見られるように、軍事生産は極めて強い国家統制を受けるものです。

戦後政治の原点となった「ポツダム宣言」（１９４５年7月26日）は、第11項で「戦争のための再軍備を可能とする産業は許されない」として、日本政府に対して軍事産業の一掃を求めました。そもそも、軍事産業の育成・強化を政策目的に掲げる防衛装備庁などという行政組織は、このポツダム宣言違反なのです。

防衛装備庁の初代長官に就任した渡辺秀明氏は「産業界の方々から、非常に強く支援していただいたことで（防衛装備庁が）誕生した」と語っています。

果たして「産業界の代表」である経団連は、どのような要求をつきつけていたのでしょうか。

経団連は、2015年9月15日、「防衛産業政策の実行に向けた提言」を発表しました。この中で「政府の関連予算の拡充と実現に向けた強いリーダーシップの発揮が求められる」と、安倍内閣に対し軍事費の拡大を求めました。戦争法の成立で「自衛隊の国際的な役割の拡大」があるとし、「自衛隊の活動を支える」軍事産業の役割の高まりを強調しました。

自衛隊活動の拡大は、軍事産業にとっては利益拡大のビッグチャンスです。提言は、軍事企業の「努力が利益に適切に反映」されることを政府に迫り、「固定費負担や生産が中断した場合のコスト負担などを適切に補填《ほてん》する仕組み」を求めました。

さらに経団連の提言は、武器輸出を「国家戦略として推進すべきである」と強調しました。これまで輸出を禁じられていた軍事産業には「国際市場における実績がほとんどない」ので、「官民」で輸出を進める「仕組みが必要」だというのです。「適切な収益の確保も重要」だと付け加えました。軍事産業の利益を追求する姿勢が表れています。

1961年、米国のアイゼンハワー大統領が離任するときの演説で「軍産複合体」という言葉が使われました。軍隊と軍需産業界と政府機関（官僚）の三者が癒着した結合体が、政府や議会の政治的・経済的・軍事的課題に大きな影響力を行使し、アメリカの自由と民主主義に危険をもたらしていると警告したのがアイゼンハワー演説でした。

戦後の日本の場合、アメリカの軍産複合体とは違う、際立った特徴があります。財政学の故島恭彦氏は、1966年に著した『軍事費』の中で次のように述べました。

「戦後日本の特別な事情をいえば、経済の〝軍事化〟は日本の力だけで進んでいるのではないということである。日本の戦略はアメリカの世界戦略の中におりこまれ、日本の防衛計画はアメリカの軍事援助に依存している」

50年前のこの指摘は、安倍政権下で進む経済の軍事化においても貫かれている特徴です。2015年11月28日、日本防衛学会の研究大会で、防衛装備庁の堀地徹装備政策部長（当時）が日本の軍事費について発言しています。

「防衛予算はやや増えているけれど、国内での生産額は急速に落ち込んでいる。というのはオスプレイ、F35、イージス、E2D、グローバルホーク、これ全て米国製だ。防衛装備の調達が2兆円あるが、500億円から1000億円くらいだった海外依存が、去年くらいから5000億円くらいになった。つまり国内産業ベースでみると3割減だ。これはおそらく短期的な問題ではなく長期的なトレンドになってきている」

軍事作戦を遂行するための神経系統である情報・通信システムは、今や、宇宙空間を媒介しています。近代化された殺傷能力の高い兵器技術は、ますます特殊かつ高度な技能を必要とし、必然的に高額化し、いっそう米国の軍事産業への依存を強めています。

こうして日米安保は、米国の巨大軍事企業に巨額の利益をもたらすものになっているのです。米国の軍事企業ロッキード・マーチンのマリリン・ヒューソン会長兼社長が赤裸々に語っています。

「我々は最近、F35という歴史上最も技術的に洗練された戦闘機を42機日本に提供する契約を締結したことを光栄に思っています。F35が2016年に日本に納入されたら、地域の安全保障の礎石となることでしょう」

「米日関係は、相互安全保障によってもたらされたものです。今日、この関係は世界に経済成長をもたらす不可欠な推進力となっています」（2014年10月10日、非営利団体「米日カウンシル」の会議での講演）

ただし、日本国内の軍事企業が受注を減らされて一路衰退の道を歩んでいるとみることはできません。軍事費の当初予算に占める米国製武器の比重が増す分、安倍政権は補正予算を大幅に増やし、国内の軍事企業に配慮してきました。

日米安保が日米の軍事企業に成長をもたらす「不可欠な推進力」であっても、代金を支払うのは日本の国民です。軍事費の増大は国家財政危機をいよいよ深刻化させることになります。

いったん戦争に突入すれば、勝利は至上の「国益」とされ、軍事費はとめどなく膨張します。戦時中の軍事費を分析した『昭和財政史4巻　臨時軍事費』（1955年に大蔵省編集）によると、1880年代から太平洋戦争終結まで、日本の国家予算に占める「直接軍事費」の割合は「低い時でも三割に近く、高い時には九割に近い比重」に達しました。軍事産業が栄え、国民が滅ぶ道にほかなりません。同書の編集にあたった大蔵省昭和財政史編集室の故大内兵衛氏は、次のような教訓を導き出しました。

「軍備の拡大は、経済上の困難や不景気を一時的に先へ延ばすことはできても、経済上の困難を根本的に解決するものではなく、かえって困難を大きくし、問題を複雑にするにすぎない」

「そういう軍拡は必然的に戦争への道を促し、戦争はまたさらに次のより大きな戦争を不可避にするものである」

この歴史の警句をいま再び、私たちはかみ締める必要があります。

とはいえ、日本経済がすでに「軍事依存経済」に完全に陥り、抜き差しならない事態に立ち至っている、と私たちは考えているわけではありません。戦後、憲法をないがしろにした自民党政権によって、国民の意思を無視した形で軍事化が進んでいます。しかし一方、憲法の精神が日本社会に根付き日本に軍産複合体という巨悪の存在を形成させなかった歯止めになってきました。産業界、学問分野に携わる多くの人々は軍産複合体が支配する日本を決して望んではいない、と私たちは考えています。

そういう今だからこそ、まだ、間に合う――。日本の右傾化の現実を、憲法が示した理想に一歩一歩近づけることは、いまに生きる私たちの大いなる仕事です。

本書に収められた記事の取材にあたったのは、杉本恒如《ひさゆき》、佐久間亮《りょう》、清水渡です。関係者への取材にあたって「しんぶん赤旗」の名刺が持つその威力を私たちは感じることもできました。それは日本共産党が、国民の中で、政治的信頼を得て活動しているということでした。また、多忙な新聞づくりの中で、一定の時間をかけて集中した取材をする際には、部員全員のチームワークが必要になります。私たちは、部内でも、安倍政権の軍事的危険性について繰り返し議論を重ね、お互いに知恵を出し合ってきました。直接、今回の取材に関わることのなかった部員たちの協力なしには、「軍事依存経済」の取材は成り立たなかったでしょう。短期間に本書にまとめることができたのも、同じ志を持つ者たちの共同の力があってこそでした。

連載記事の作成にあたっては多くの方々に快く取材に応じていただきました。嘉悦大学の古賀義弘名誉教授（元学長）は連載記事の掲載後、２０１５年1月12日に逝去されましたが、文章は当時のままとしました。ご協力いただいたすべての方々にお礼を申し上げます。

２０１６年8月

しんぶん赤旗経済部長　金子豊弘

軍事依存経済＊目　次

Ⅳ部 溶け込む軍産学 109

Ⅴ部 岐路に立つ宇宙開発 141

Ⅰ部

戦中を誇る軍需産業

1　三菱重工「艦艇に特化」進む

戦争できる国づくりに突き進む安倍晋三政権のもとで、日本最大の武器メーカーである三菱重工業の動きが活発化しています。同社を中心に、日本の軍需産業の動向を追いました。

２０１４年10月上旬。長崎市内の展望台から長崎港を見渡すと、クレーンが立ち並ぶ巨大な工場のドックに、数多くのアンテナを装備したねずみ色の艦艇が収容されていました。そこは三菱重工長崎造船所の立神《たてがみ》工場。第2次世界大戦中に戦艦「武蔵」を建造した施設です。

カメラの望遠レンズを通して見ると、ドックに入っている艦艇の艦尾には白い文字で「あしがら」と書かれていました。２００８年に長崎造船所で完成したイージス・システム搭載護衛艦（イージス艦）です。定期点検のために来たのです。

「軍事と関わりの深い長崎の象徴が、この光景です」

長崎造船所で船内の電気工事をしていた錦戸《にしきど》淑宏《よしひろ》さん（70）は話します。かつての勤め先が「軍需生産に傾倒してきている」と心配します。

三菱重工は神戸でも客船や貨物船などの商船を建造していましたが、12年に打ち切りました。神戸造船所を原子力発電プラントと潜水艦の建造・修理中心に切り替え、商船建造を下関造船所と長崎造船所に集約したのです。大型船に対応してきたのは長崎です。

その長崎造船所でも軍需中心への衣替えが進みます。立神工場と香焼《こうやぎ》工場の2カ所で行ってきた商船建造から、立神工場は撤退。建造中の大型客船2隻目の「進水後、新造は艦艇に特化」し、「基本的に艦艇工場として運営する」（13年6月7日開催の会社・重工労組定例長船事業所生産委員会の報告）というのです。

設備の更新と機能の向上を進める計画も打ち出されています。長崎造船所の広報は「香焼は商船、立神は主に艦艇というすみ分けをする」と説明します。

三菱重工は、戦中の「超弩級戦艦『武蔵』」の建造をいまも自画自賛しています。「進水の世界記録」「わが国建艦技術の最高水準を結集」（『長崎造船所１５０年史』）といった具合です。

その三菱重工の経営戦略が「ここ数年でがらっと変わってきました」。長崎造船所で働く坂井剛史さん（仮名）の実感です。

「主眼は世界を股にかけて売ること。私の所属する設計部門も国内向けと輸出向けにグループ分けされている。重視されているのはエネルギー、航空、宇宙、そして武器です」

安倍政権が14年4月に武器輸出三原則を撤廃すると、途端に軍事がらみの商談が動きだしました。安倍政権は地対空ミサイル「パトリオットＰＡＣ２」の目標追尾装置の部品を米国に輸出すると決定（7月）。オーストラリアのジョンストン国防相と江渡《えと》聡徳《あきのり》防衛相は日本製「そ

「うりゅう型」潜水艦の技術移転に向けた協議開始で合意しました（10月）。これに先立ち、オーストラリア政府が潜水艦購入の可能性を示唆したと現地の新聞は報じました。（注1）

「そうりゅう型」潜水艦を建造しているのは三菱重工と川崎重工業だけ。ＰＡＣ２の部品をつくるのも三菱重工です。

14年5月12日、経団連は武器輸出に関するセミナーを開きました。企業、関係省庁、各国大使館などから約２４０人が参加しました。

開会あいさつを述べたのは、三菱重工の大宮英明会長（経団連防衛生産委員会委員長）でした。「大きな政策の転換」を評価し、国際社会への「貢献」は「政府の具体的な施策と官民の協力にかかっている」とはっぱをかけました。

憲法９条のもと、日本経済はまがりなりにも〝平和産業〟を標榜《ひょうぼう》してきました。しかし安倍政権下で、経済軍事化の足音が高まっています。

（注1）オーストラリアの次期潜水艦調達計画では日独仏が建造受注を競いました。日本側は官民が血眼になって受注をめざしましたが、選考から外れました。同国のターンブル首相は16年4月26日、共同開発相手をフランスの造船大手ＤＣＮＳに決めたと発表しました。安倍首相は15年11月と12月、連続的にターンブル豪首相と会談。「（豪州の）全ての要請を満たす」と語り、「トップセールス」で潜水艦を売り込んでいました。三菱重工の宮永俊社長も16年2月8日に

自ら豪州入りしました。全国紙オーストラリアンに「(現地生産を含め) 要望には柔軟に対応できる」とうたった全面広告を掲げ、現地世論に訴えました。広告の中央には同社の「そうりゅう型」潜水艦が大写しされていました。

2　武器製造の「誇り」と三菱

防衛省の2015年度予算の概算要求は過去最大の総額5兆545億円に膨らみました。イージス艦2隻の新造や軍事衛星の開発強化を盛り込みました。

自衛隊がもつイージス艦は現在6隻。IHI (旧石川島播磨重工業) による1隻を除き、5隻が三菱重工業の長崎造船所で建造されました。衛星とロケットの姿勢制御装置をつくっているのも長崎造船所です。ミサイル垂直発射装置や魚雷も製造しています。

1950年代には「世界第一位の造船企業に君臨」(『長崎造船所150年史』) した三菱重工の造船所が、なぜ次つぎに生産を軍需に特化していくのか。造船業を研究してきた嘉悦大学の古賀義弘名誉教授は話します。

「世界の造船業界の構造が様変わりした。その中での動きです」

第2次世界大戦後、日本の造船業界は高度経済成長の波に乗って躍進しました。

しかし80年代半ばから韓国が台頭。２０００年代には中国が急成長します。日本のシェアは低下し、13年には世界の新造船建造量の7割を中国（37％）と韓国（35％）が占有するに至りました。

日本の造船業界は２０１０年代に新たな対応に踏み出しました。企業合併、海外進出の強化、航空・宇宙・機械工業への移行。「並行して強まったのが、造船を含む総合重機メーカーの軍事への傾斜です」

古賀さんは、代表的な企業が三菱重工だと指摘します。

「三菱重工の造船部門は、高度の建造技術を要する『高付加価値船』と、イージス艦や潜水艦などの艦艇の建造に特化して生き残る方向をめざしています。特別に力を入れている宇宙部門は、ＩＨＩと並んで衛星打ち上げロケット分野で独占的地位を確立してきました。１９９８年以降、情報収集衛星を数多く打ち上げています。事実上の軍事スパイ衛星です」

歴代政権に対して軍事費の増額と武器輸出の解禁を迫ってきたのが三菱重工です。２００７年、同社の西岡喬《たかし》会長（当時）は「日刊工業新聞」（3月5、19日付）で述べました。

「日本は平和のために武器を輸出しないという方針であるが、世界の常識はこれとは正反対」「国際化」による技術力発展の「障害となっているのが武器輸出三原則に代表されるわが国の輸出管理政策である」。これは武器を日米で共同開発するうえでの「足かせとなっており、日米同盟の趣旨に反している」。

「必要な装備に対する予算はなんとしても確保いただくことが必要である」

「防衛は国家の根幹であり、これに携わる企業も真に誇らしい仕事」をしているのだから、

「我々がむしろ積極的に問題提起していかなければならない」。

安倍政権が武器輸出を解禁した14年4月1日に、経団連の米倉弘昌会長（当時）は「大いに歓迎する」とコメントを発表。「防衛装備の移転（輸出）に係わる案件が決まることを期待したい」と表明しました。

武器の輸出で利益をあげ、生産基盤や技術力を「発展」させることは、日本の軍需産業の宿願だったのです。

3　自社史料館、魚雷を自慢

三菱重工業の長崎造船所本工場（飽《あく》の浦町《うらまち》）の真ん中に、「原子爆弾の爆風にも耐えて」残ったという赤れんがの建物があります。

かつては造船所の鋳物工場に併設された「木型場」でした。現在は三菱重工長崎造船所の史料館として公開されています。

三菱重工業長崎造船所の史料館に展示されている「91式魚雷」の模造品＝長崎市内

入り口の外壁に、史料館の目的を彫り込んだ金属板が貼られていました。

「長崎造船所が日本の近代化に果たした役割と、先輩諸賢の輝かしい偉業を、永く後世に伝えんとするものである」

史料館の内部には白黒写真や工作機械が並びます。その一角に、戦前建造の艦艇コーナー、戦艦武蔵コーナー、戦後建造の護衛艦コーナーがあります。

建物の奥には「91式魚雷」の模造品も置かれています。全長5・47メートル、重量850キログラムという大きさです。付属の説明書には「命中率及び破壊力ともに世界に冠たる性能を有していた」と書かれています。

三菱重工がたたえる長崎造船所の「輝かしい偉業」は、破壊と殺戮《さつりく》のための武器製造を含んでいるのです。

第2次世界大戦中、長崎市北部にあった三菱重工の長崎兵器製作所が魚雷をつくっていました。航空機から投下する91式航空魚雷は真珠湾奇襲攻撃にも使われました。米海軍の主力戦艦アリゾナは二つに裂けて沈みました。

１９４５年８月９日、その長崎市北部に米軍が原子爆弾を投下しました。爆心地に近い三菱重工の長崎兵器製作所と長崎製鋼所は「一瞬にして壊滅」（『三菱の百年』）しました。労働者３６７９人が死亡し、７８１９人が重軽傷を負いました。

長崎造船所本工場も「動力源は全滅、工事はまったく麻痺」（『長崎造船所１５０年史』）しました。長崎市北部は廃虚となりました。

アジア・太平洋地域の人びとに大惨害をもたらした日本の侵略戦争は、日本本土が焦土と化して終わりました。

45年８月14日に日本が受諾したポツダム宣言の第11項は「再軍備を可能にするような産業は許されない」と記し、日本の武器生産を禁じました。

日本を占領した連合国軍総司令部（ＧＨＱ）は、三菱、三井、住友、安田など侵略戦争を支えた財閥の「解体」を指令しました。三菱本社は46年10月に解散し、本社と被支配会社の役員が総退陣しました。三菱重工は50年１月に東日本重工業、中日本重工業、西日本重工業に３分割されました。

しかし、日本を「反共の防壁」にするというアメリカの政策転換により、軍需産業は息を吹き返します。

今日、三菱グループは侵略戦争に協力した歴史をつゆほども反省していません。その姿勢は、財閥解体に抵抗した三菱本社の岩崎小弥太社長（当時）の「考え方」を引用した『社史』が象徴しています。

「三菱は創業以来、国家社会に対して積極的に寄与することを根本信条としている」

「戦争遂行に全力を挙げて協力したが、これは国策に従って国民のなすべき当然の義務を果たしたものである」（『続三菱重工業社史』）

「省みてなんら恥ずるところはない」（『三菱の百年』）

4　戦争で「未曽有の好景気」

三菱重工業の歴史をたどると、あまりにも深い戦争との関係が浮かび上がります。

「三菱重工の創立日」（『長崎造船所150年史』）とされるのは1884年7月7日。徳川幕府が海軍創設のために設置し、明治政府が管理していた長崎造船所（当時は長崎造船局）を、三菱創業者の岩崎弥太郎社長が借りた日です。87年に払い下げを受けました。

『150年史』によると、20世紀半ばまでに長崎造船所の生産高と人員が急増する時期が2

度あります。１９１６～18年と、33～44年にかけてです。第1次世界大戦の期間、日本の中国侵略および第2次世界大戦の期間と符合します。（左グラフ）
『１５０年史』も認めています。14年に勃発した「第一次世界大戦は、我が国産業経済に未《み》曽《ぞう》有の好景気をもたらし、大戦後も八八艦隊計画などで１９２１年まで繁忙が続いた」。八八艦隊計画では戦艦8隻、巡洋戦艦8隻を根幹とする艦隊を整備する予定でした。

戦前の長崎造船所の生産高

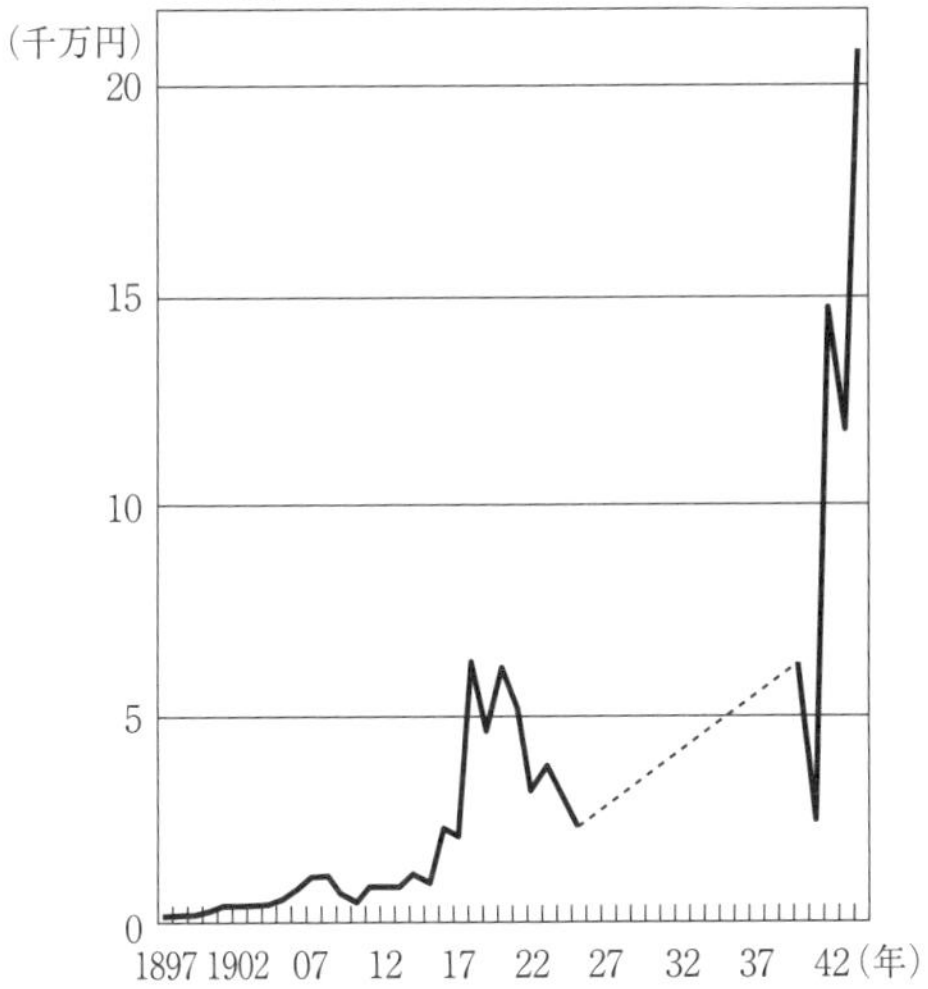

（『長崎造船所150年史』から作成。点線部分はデータがない）

しかし繁栄は続きませんでした。20年、規約前文に「戦争に訴えざるの義務」を明記した国際連盟が成立しました。22年のワシントン海軍軍縮条約で八八艦隊計画は中止になりました。

「（戦艦の）あいつぐ建造中止は当所に深刻な影響を与えた」。さらに29年、アメリカ・ウォール街に端を発した経済恐慌で「長崎の町は火の消えたような寂しさとなった」。

平和が訪れるやいなや深刻な危機に陥っ

た三菱重工を救ったのは、日本がしかけた侵略戦争でした。

31年、「満州事変勃発を契機として、国内経済はようやく活気をとりもどし始めた」。日本政府は33年に国際連盟から脱退し、34年にワシントン海軍軍縮条約を破棄。軍艦の建造に熱中しました。35年には長崎造船所の「船台が満杯状態となり、また、船用機械および陸用機械の需要も増加の一途をたどり、事業は繁忙を極めた」。

37年に日本は中国への全面侵略を開始します。41年に対米英戦争に踏み切り、「太平洋戦争が始まると、輸送力の増強が重視され、船舶建造は重要産業の筆頭となり軍事生産が強行され、艦艇建造と同時に貨物船、油槽船の建造も急増した」。

こうしてつくった戦艦や戦闘機を、戦後も三菱グループは誇ってはばかりません。

「軍需生産部門では、三菱は重要な役割をはたした」

「零式艦上戦闘機は、きわめて高い性能をもっていたので、米軍よりゼロファイターとしておそれられた」

「世界最大の戦艦武蔵をはじめ、航空母艦5隻、駆逐艦5隻、海防艦41隻、潜水艦16隻など多数を建造した」（『三菱の百年』）

しかし「不沈戦艦」と呼ばれた「武蔵」は44年10月、乗組員約2400人を乗せてフィリピン近海で撃沈されました。建造は極秘とされ、工事関係者は「機密を漏らしたなら会社または海軍から適当な処置をとられても異存はない」という趣旨の宣誓書に署名押印させられました。

長崎造船所の元労働者で三菱重工の歴史を調べてきた大塚一敏さん（80）はいいます。

「ときの権力者と軍需産業がひき起こした戦争は科学者や技術者を機密に包み込んで最新の科学・技術を『死の兵器』に利用しました。その結果は人道に反する文明の破壊と大量殺りくでした。戦前の教訓から何も学ぼうとしない三菱重工が今日も、軍需産業の強化を国策にせよ、と行動している。恐るべきことです」

5　戦争特需で息吹き返す

三菱重工業が戦後、日本最大の軍需企業として復活する道を開いたのは米国でした。

１９４５年9月、日本を占領していた連合国軍総司令部（ＧＨＱ）は一般命令第１号として軍需生産の停止を命じました。

旧三菱重工は同年10月の臨時株主総会で定款を変更。会社の事業目的から艦艇、航空機、魚雷など武器関係を削除し、経営陣を一新しました。『社史』は当時を次のように振り返ります。

「戦後への道は、平和産業への全面的転換以外にはあり得なかった」（『続三菱重工業社史』）

「航空機・発動機・戦車などの工場では、ナベ、カマなどの日用品から自転車、スクーター、トラックなどまでつくれるものはなんでもつくらざるをえなかった」（『三菱の百年』）

ところが米国は、「平和産業への全面的転換」の道を早々に閉ざしてしまいました。中国革命の前進を受け、米国は日本をアジア戦略の拠点とする政策に転換します。

50年に朝鮮戦争が始まると、GHQのマッカーサー最高司令官は吉田茂首相に書簡を送り、警察予備隊をつくらせました。「警察力を補う」と称されましたが、憲法9条に反する軍事組織でした。

続いて52年、GHQは武器製造禁止措置を緩和するという覚書を日本政府に提示しました。実質的に武器の生産命令でした。

50年に分割されていた旧三菱重工3社はすべて52年中に定款《ていかん》を改め、事業目的に武器の生産を加えました。旧財閥の商号・商標の使用禁止措置も解かれました。東日本重工業は三菱日本重工業へ、中日本重工業は新三菱重工業へ、西日本重工業は三菱造船へ、それぞれ社名を改めました。

戦争責任者の公職追放も解除されました。A級戦犯容疑者として逮捕され、後に釈放された郷古潔三菱重工元社長は、53年に発足した日本兵器工業会（以前は兵器生産協力会、後の日本防衛装備工業会）の初代会長となりました。

同会は、「国内唯一の兵器生産を担当する産業団体」として、「（朝鮮戦争の）特需によって創立され、いわば武器輸出によって成長した団体」（『日本兵器工業会三十年史』）です。

三菱重工長崎造船所は、朝鮮戦争時の米軍からの特需の恩恵を次のように強調しています。「朝鮮動乱勃発により特需の増大、輸出の伸長とともに景気は好転し、当所の業績も向上に向かった」（『長崎造船所１５０年史』）

日本兵器工業会も回想します。「この特需は、戦後苦難の道を歩んでいた日本の産業界にとって願ってもない救いとなった」52～58年に「総額５２０億円が発注」され、「発注量の98％は鉄砲弾で、残りが迫撃砲、無反動砲、ロケット弾発射機などの小火器類」（『三十年史』）だったといいます。

64年6月には、旧三菱重工3社の「宿願」だった合併が実現。「新生三菱重工業」が発足しました。三菱重工の戦後の再出発も、戦争する米国への武器輸出によって血塗られた歩みとなったのでした。

6　「防衛」部門を独立・強化

三菱重工業は現在、防衛省による武器などの購入額（防衛調達額）のランキングで多年にわたり1位の座を占めています。2013年度の防衛調達額に占める同社の割合は24・9%に達します。

中国を除く世界の軍事企業（軍事部門）の売上高ランキングでは、武器輸出国の企業がひしめく中で29位に食い込んでいます（12年、ストックホルム国際平和研究所調べ）。日本企業ではNEC（45位）、川崎重工業（51位）、三菱電機（55位）、DSN（56位＝注2）、IHI（76位）が100位以内に入っています。

三菱重工の主な造船所や製作所は国内に13カ所ありますが、そのうち8カ所までもが「防衛・宇宙」分野に関係しています。つくっているのは戦車、護衛艦、潜水艦、戦闘機、ミサイル、ロケット、魚雷などです。

三菱重工長崎造船所で自衛艦の修理に携わったこともある錦戸淑宏さんによれば、「核兵器も含めて、つくろうと思えばどんな武器でもつくれるのが三菱重工です」。

三菱重工は13年に大規模な組織再編を始動させ、14年4月に「ドメイン（分野）制」に完全移行しました。それまでの9事業本部制をやめ、「顧客・市場を重視した4ドメイン」に集約しました。

防衛事業と宇宙事業は統合され、「防衛・宇宙ドメイン」となりました。「『防衛』部門を独立させて強化し、軍需の拡大を推し進める体制です」と嘉悦大学の古賀義弘名誉教授は指摘します。

「本社が全体を統括するのが、事業部制でした。ドメイン制では、社長の権限と責任を一部委譲された各ドメインＣＥＯ（ドメイン長）が、事業推進権をもって利益を追求します」

三菱重工の「２０１２事業計画」は、ドメイン制導入と「グローバル展開」で売上高を２・９兆円（10～11年）から５兆円に増やす目標を定めました。

防衛・宇宙ドメインでは売上高を０・４兆円から０・５兆円に増やす計画です。「（11年に民主党政権が行った）武器輸出三原則緩和への対応」を柱の一つにあげました。さらに、安倍政権による武器輸出三原則の撤廃を受けた次期中期計画（15年以降）では、「追加施策」として「防衛宇宙事業の強化」を検討すると表明しています。

２０１４年1月28日、三菱重工と三菱重工労組の中央経営協議会は防衛・宇宙ドメインの基本方針を確認しました。強調したのは、「陸海空の統合運用に対応した統合防衛事業を拡大」すること。そして「対官調整を一元化し輸出案件を掘り起こし、積極推進」することです。

自ら輸出案件を掘り起こすという攻勢的な戦略をとり、政府への働きかけを一元化して強める意思を社内で統一したのです。三菱重工が糸を引き、政府が道具となって海外の武器市場を切り開く、という関係がみてとれます。（注３）

13年度の三菱重工の売上高をドメイン別にみると、宇宙・防衛ドメインは14％を占めるにすぎません。

しかしこれは国内と海外を合わせた数字です。国内だけに限れば、同ドメインが占める売上高は27％に跳ね上がります。国内での売り上げの4分の1以上を軍事関連で稼いでいる形です。

同ドメインの海外での売り上げは13年度、ゼロでした。「今後、武器の輸出が拡大していけば、軍需生産の占める割合が増し、日本の産業構造が変化しかねない」と古賀さんは危惧《きぐ》します。

（注2）ＤＳＮは、スカパーＪＳＡＴ、ＮＥＣ、ＮＴＴコミュニケーションズの3社の出資により、防衛省のＸバンド衛星通信システムを整備・運営するために設立された株式会社。

（注3）武器輸出を巡っては「政府が推進しても日本企業は及び腰」だという逆さまの指摘が散見されますが、日本の軍需産業の中核である三菱重工が内部で「積極推進」の方針を固めている事実は見逃せません。三菱重工の防衛・宇宙ドメインは16年6月10日に事業戦略説明会を開きました。水谷久和ドメイン長は「成長戦略」の第1の柱が「海外展開」だと強調し、次のように説明しました。

「最近結論が出たオーストラリアの潜水艦プロジェクトは、まず日本国政府がオーストラリア政府の提案要求を受けた」ものであり、「われわれ独自の活動ではない」。日本政府の「指示を受けて検討作業に参画していたということだ」。したがって「われわれの持っている技術力を踏まえて、『装備移転三原則』をクリアして海外に出ていくというのと背景、生い立ちがかなり違った」。本来の「海外展開」戦略としては「主にアメリカの大手防衛企業」との間で「何か協業できないかという話を進めてきた」。そうした「事業の芽」が出ており、「ＥＬ（エクスポート・ライセンス＝輸出承認証）の取得の手前ぐらいまでにはいくつか進んできている」。そこで「共同研究、共同開発事業をどうやって立ち上げることができるか、防衛省なり経産省と相談して、次のフェーズ（段階）へ進んでいくことになる」。

ここから二つのことがわかります。

第一に、三菱重工は潜水艦受注の失敗を特殊事例とみなしており、この失敗を受けて武器輸出への消極姿勢に転じたわけでは決してないということです。武器輸出に結びつく共同研究・開発事業を主に米国企業との間でいくつも立ち上げる計画を持ち、水面下で動いています。その際、米国企業との相談が先にあり、日本政府との相談は事業の芽が出た後だというのです。企業側が武器輸出案件を主導的に開拓する構図です。水谷氏の説明によれば、これが三菱重工の戦略の本筋だということになります。

第二に、三菱重工が持つ従来の経路以外のところから、他国の思惑によって舞い込んだのがオーストラリアの潜水艦の事例だったことです。安倍政権が武器輸出を解禁した結果にほかなりません。こうしたケースが今後も出てくる可能性があります。

7　武器輸出へ米の圧力

日本の財界は戦後、たびたび武器輸出に言及してきました。

朝鮮戦争の特需終了の「打撃は、当然とはいえ大きかった」ため、東南アジアへの武器輸出をもくろみました。しかし「実績は厳しいもの」でした。政府が紛争当事国など3地域への武器輸出を禁じた「三原則」を67年に定めると、財界は「政府の方針に従う」（『日本兵器工業会三十年史』）と表明しました。

ベトナム戦争を経て平和を求める世論は高まります。政府は76年、3地域以外への輸出も「慎む」という「統一見解」を表明し、事実上の武器輸出全面禁止を原則としました。

逆流は直後に表面化しました。73年のオイルショック（石油価格高騰）に端を発した不況が長期化すると、あからさまに武器輸出の解禁を求める発言が続出したのです。

77年10月には川崎重工の砂野《いさの》仁《まさし》元会長が主張しました。

「他の先進国ではどこでも武器の輸出をやっているのに、なぜ日本だけ遠慮しなければならないのか」

自民党の政治献金受け入れ機関だった国民政治協会の理事会で、自民党首脳に対して述べたものでした。

同年11月には経団連の稲山嘉寛《よしひろ》副会長（新日本製鉄会長＝当時）の記者会見での発言が物議をかもしました。

「日本経済の発展のうえで朝鮮戦争、ベトナム戦争で需要が伸びたことの影響は大きかった」「どこかで戦争でもないと、不況脱出はむずかしい」

81年には「堀田ハガネ事件」が発覚し、一大騒動となりました。大阪の商社「堀田ハガネ」が通産省の承認を得ずに半製品の火砲砲身を韓国に輸出していたのです。事件を受け、衆参両院は武器輸出への「厳正かつ慎重な」対処を求める決議を可決しました。

しかし武器輸出三原則は、米国の要求で空洞化させられていきます。突破口となる事件は82年に起こりました。日本電気（ＮＥＣ）が米国防総省に対して大量の光通信機器を軍事用に納入していたことが発覚したのです。

暴露したのは同業の富士通でした。富士通は、米国で行われた光通信網整備の公開入札に最低価格で応札しながら、逆転敗退しました。米国防総省が国防上の理由を挙げて横やりを入れたのに対し、富士通は軍事用に光通信機器を納入した日本電気の前例を示して反論したのです。

結果として米国側は「入札をえさに富士通の技術情報をただ取りした」と評されました。

武器輸出を禁じている日本では、どたばた劇が演じられました。日本電気が通信機器納入は「事実無根」と声明を発表し、富士通が謝罪会見を開いた後に、米国防総省が日本電気から「純粋に軍事用」に機器を購入したと認めたのです。

ハイテク通信技術の軍事化に詳しい大東文化大学の井上照幸教授は語ります。

「このいきさつが示すのは、日本の情報通信業界が不況脱出のためにいかに対米輸出に力を入れたか。そして米国がいかに日本の技術をほしがっていたか、です」

事件の結末は、汎用《はんよう》的な民生品の輸出は軍用に供されても問題ないとの立場を通産省が示したことでした。次いで83年、訪米を控えた中曽根康弘首相（当時）は「米国の要請に応じ」て「米国に武器技術を供与する途《みち》を開く」と決めました。

井上さんはいいます。

「大山鳴動して凶暴なねずみが出てきた。高水準の日本の民生品と技術は米国に輸出され、軍事に使われることになりました」

8　「軍需で発展」叫ぶ財界

日本が米国の世界戦略に深く組み込まれるにつれ、日本の財界の要求は露骨さを増していきました。

１９９４年、米国が進める「ミサイル防衛」の日米共同研究が立ち上がりました。ミサイル防衛は、他国が発射した弾道ミサイルを迎撃ミサイルなどで撃ち落とすシステムです。報復の心配なく先制攻撃できるようにし、米国の絶対的な優位を確立するのが狙いです。

日本企業が米国との共同開発に進む場合、技術の供与にとどまらず、部品の輸出が必要になることから、武器輸出三原則が「障害」とみなされました。

経団連は95年以降、米国との「共同研究開発・生産を円滑に実施」するためとして、「輸出管理政策の見直し」を求め続けました。２００４年の「提言」は、「世界の装備・技術開発の動向から取り残され」つつあると主張し、武器輸出三原則を攻撃しました。

その04年12月、小泉純一郎内閣（当時）が武器輸出三原則の緩和を決めます。ミサイル防衛に関連する部品輸出は禁輸の例外としたのです。05年12月には、日米共同開発への移行を閣議決定しました。

迎撃ミサイルＳＭ３の共同開発をとりまとめたのは、三菱重工業と米社レイセオンでした。ミサイル防衛には、他国を監視する軍事偵察衛星と、衛星を打ち上げるロケットが必要で、イージス艦からの迎撃ミサイル発射も想定されています。三菱重工は、これらすべての生産に関わっており、ミサイル防衛推進による日本側の「最大の受益者」といわれます。

高い塀の向こうのドックに入っているイージス艦「あしがら」＝長崎市内

日米の軍需産業や関係省庁が集まる日米安全保障戦略会議で、三菱重工の西岡喬会長（経団連防衛生産委員会委員長＝当時）は力説しました。

「（日米による武器共同開発の）実績を積み重ねることで自動車や家電製品のように国際マーケットでの評価を高めることができ、さらなる技術力の向上や生産基盤の維持につながる」

「日米両政府の積極的なご協力により日米同盟の堅固さを高め、日米防衛装備を次の段階へ進化させ、我が国防衛産業の競争力強化にもつなげたい」（06年8月）

「日米同盟」を前面に押し出すことによって自社の利益を確保しようという思惑があらわになっていきます。05年11月の同会議で西岡氏は、「新戦闘機や無人機、テロ生物化学兵器対処など」の「共同生産を進める提案を今後行っていく」とも発言。武器輸出三原則のさらなる緩和を求めました。

09年からは経団連の「提言」に新たな観点が加わります。「民生部門の業績の急激な悪化により、これまでのような民生部門の技術やリソースの活用による防衛事業の運営は困難」になったと主張。「武器輸出三原則等の見直し」を正面から求め、「防衛産業の振興を通じた経済発展」まで提起したのです。

11年、民主党政権が武器輸出三原則をいっそう緩め、国際共同開発・生産に伴う武器輸出は可能としました。ただし、共同生産国から第三国への輸出は日本の事前同意を条件としたため、「米国から相手にされない」との不満がくすぶりました。

13年の経団連「提言」は、「海外展開を積極的に進め」る欧米を手本として「グローバル化を進め、防衛生産・技術基盤の維持につなげていく」よう求めました。「国内産業の発展や雇用の創出につながる」と強調しました。

日本の財界は、軍需拡大による「産業の発展」という〝戦前型経済〟への逆戻りを公然と唱えるまでに至ったのです。

9　民需圧迫し生活壊す

安倍政権は2014年4月1日、武器輸出三原則を撤廃して武器「移転」三原則を定めました。武器輸出の容認へ原則を180度転換しました。

新原則は「安全保障面で協力関係がある国」との共同開発に伴う武器輸出を認めました。輸出先の国が日本の同意なしに武器を他国へ輸出することも、製品開発元に部品を納入する場合など6例をあげて容認しました。

三菱重工業が生産する地対空ミサイル「パトリオットPAC2」の部品は、米国で組み立てられて他国へ輸出されることになりました。部品生産を終了していた製品開発元の米企業レイセオン社の要請にもとづくものです。

三菱重工は米国を中心に共同開発されている最新鋭戦闘機F35の最終組み立てラインも整備中。三菱電機とIHIは部品を製造・輸出する計画です。新原則は、日本製部品を使って米国が組み立てたF35をイスラエルなどに輸出することも黙認する内容です。

共同開発と関係がない武器についても輸出を認めます。「安全保障面で協力関係がある国」に対し、輸送や掃海に関わる武器を輸出する場合などです。

安倍政権はイギリスと武器共同開発に関する協定を締結し、共同研究を開始。フランスとも武器輸出に関する協定締結に向けて交渉を始めました。オーストラリアとは武器輸出に関する協定を結びました。（注4）

軍事に詳しい長崎大学の冨塚明准教授は警鐘を鳴らします。

「イラクやシリアで残虐行為を繰り返すイスラム過激組織『イスラム国』が大量の武器を持つ背景には、世界の武器輸出があります。武器輸出国は紛争を助長し、火消しと称して武力を行使する。まさにマッチポンプです。日本もそういう国の仲間入りをすることになる」

武器の輸出は防衛省予算の枠を超えた武器の生産を意味し、軍需産業の肥大化を招くといいます。

「米国では軍需産業が政治に口出しし、無視できない力を持つ。同様の事態になりかねません」

嘉悦大学の古賀義弘名誉教授も指摘します。

「軍需生産は民需を圧迫し、経済を病気にする危険な道です」

戦前の日本では軍需生産の拡大が資源と労働力を浪費し、生活物資を欠乏させました。猛烈な物価上昇と増税で国民生活は破滅しました。

「利益をあげるのは一握りの『死の商人』だけ。国内外の人びとの生活を壊すのが軍需生産です。しかも戦時のブームが去ると一転して危機に陥る。不健全な経済になります」

財界内部の矛盾もあらわになっています。防衛省の「防衛生産・技術基盤戦略」（6月）は、「企業の経営トップ」に「防衛事業の重要性・意義を適切に認識」させる「環境整備」を打ち出しました。企業が「死の商人的なイメージが防衛産業を含む産業界全体についてしまうのを嫌がる」（森本敏編著『武器輸出三原則はどうして見直されたのか』）ためです。

中央大学の今宮謙二名誉教授はいいます。

「国民生活が豊かになる健全な経済発展の前提は平和です。戦後の日本が『経済大国』となった理由の一つは憲法９条の存在です」

他方、憲法９条と25条（生存権）を踏みにじる政治によって、「軍事大国・生活小国」化が進んできました。

「世界に平和の流れが広がる21世紀は、戦争のない自由で平等な関係のもとで、各国民の生活向上を通じた経済発展が可能になる時代です。導きとなるのは日本国憲法です」

（注４）日本政府は15年３月17日、武器輸出に関するフランス政府との協定に署名しました。このほか、インド（15年12月12日）、フィリピン（16年２月29日）とも同様の協定を結びました。

10　機密が生活の自由奪う

海外旅行で「自分の身分を明かさない」。

第三者の前で「仕事の話はしない」――。

軍事機密保護のための「生活上の留意事項」などが書かれた「取扱注意」の資料を本紙は入

手しました。

表紙には「三菱重工業株式会社横浜製作所」の「保全教育資料」と書かれています。日付は「平成15（2003）年11月」。社員や関連社員への「秘密保全教育」を行う目的で作成されていました。

武器に関する技術や性能、構造、使用方法などの情報は厳格に秘密とされます。それを取り扱う労働者らは日常生活上の自由まで束縛され、漏洩《ろうえい》すれば重罰を科されます。

憲法で保障されている基本的人権が、米国従属下の軍需生産では守られません。日米安保条約が国民の諸権利の上に置かれるのです。資料には、そうした秘密保護の実態が赤裸々に書かれています。

「資料作成の主旨」にはこうあります。

「当社では、艦艇、航空機、ミサイル」などの生産・修理を行っており、「秘密として扱われる図面や機器がある」。このため「秘密を守ることが義務づけられている」。秘密が漏洩すると会社は信用を失い、「場合によっては米国との関係においても重大な影響を及ぼす」。「秘密を守る堅い意志」と「正しい知識」が必要である――。

資料によれば、「防衛」関係の秘密には2種類あります。「日本（防衛庁＝当時）独自の秘密」と「米国政府から供与された秘密」です。前者は「秘密」「防衛秘密」、後者は「特別防衛秘密」「特定特別防衛秘密」と呼ばれます。漏洩は「アメリカ合衆国の不利益」になると重ねて強調しています。

日本独自の「防衛秘密」に関する罰則は「5年以下の懲役」。自衛隊法によって契約業者の社員も罰せられます。

米国から供与された「特別防衛秘密」に関する罰則は官民を問わず「10年以下の懲役」。「日米相互防衛援助協定等に伴う秘密保護法」に基づくものです。

米国、中国、韓国などでは軍事機密漏洩の「最高刑が『死刑』」だと付記しています。

秘密情報が処理される施設は「立入禁止区域」に設定され、関係者しか入れません。関係者は秘密の種類に応じて「記章」を着用します。火災などの災害時に消防署員や警察官を立ち入らせる場合には「防衛庁の許可を得る」必要があります。

しかし米国は、こうした「秘密保全体制」でも「不備」だと主張しました。三菱重工やＩＨＩが加盟する日本機械工業連合会が「秘密保護関連法の充実」を求めたのもこのためです。

「米国国防省は日本との防衛装備の共同開発生産における障害は『武器輸出三原則』と『秘密保護体制の不備』であると認識している」

「日本政府が政府全体の情報保全政策を持ち実施することが必要である」

「これらの体制が整えば」米国だけでなく諸外国との武器の「共同開発・生産も円滑に実施

できる環境が整う」（11年3月「産業のグローバル化が我が国の防衛機器産業に及ぼす影響の調査研究報告書」）。

安倍政権による武器輸出解禁と秘密保護法の強行成立（13年12月6日）が一体だったことを示します。

秘密を知ろうとするメディアや一般国民にまで重罰を科す秘密保護法。その背後には、武器の共同生産を求める米国と、海外市場拡大を急ぐ日本の財界の存在があるのです。

9条を柱とする憲法体系と、米国に従って海外で戦争する安保体系との激突は、激しさを増しています。

11　平和の声上げる労働者

米軍の爆撃機B29が長崎に原子爆弾を落としたとき、大塚一敏さん（80）は爆心地から2・8キロの地点にあった学校の塀に登ってセミをとっていました。

爆風に吹き飛ばされ、道路にたたきつけられて気を失いました。10歳でした。

「被爆の後障害は次つぎに親族を襲った」と振り返ります。

被爆当時4歳だった弟は30歳のとき窒息死しました。壊疽《えそ》が鼻から肺に広がる「奇病」でした。弟の妻は後を追うように、すい臓がんで亡くなりました。

1年もたたず、姉の息子が16歳で息を引き取りました。「被爆2世」でした。腎原発性リンパ肉腫で2年余り苦しみました。「夜寝るときに麻酔を打つ。麻酔が覚めると痛みで暴れるんです。姉の夫と私が連日泊まって押さえ、病室から出勤しました。2人で話しました。『強く押さえるな。脚やあばら骨が折れるぞ』と」。

86キロあった体重は50キロに落ちていました。地質学者になって地球の成り立ちを研究するのが夢でした。のこした詩は、こう叫んでいました。

「つながれた子犬はかわいそう。僕は自由がほしい。自由があればいのちだっていらない」

翌年、多臓器にがんが転移した母親も亡くなりました。大塚さんは話します。

「原爆は戦後数十年たっても被爆者の命を奪い、被爆2世の夢と人生まで壊す非人道的な兵器です」

大塚さんは日本共産党三菱長崎造船所委員会が出版した『三菱もうひとつの素顔』（2009年）の執筆に携わった一人です。長崎造船所で働いた自らの経験も踏まえて三菱重工業150年の歩みをたどり、「人間の尊厳と自由」を求める労働者の運動を記録しました。

長崎を代表する造船所を、市民が誇れる裏表のない企業にしたいという願いが根底にあったと語ります。

「長崎市民は戦争への国づくりに反対なのです」

14歳で被爆し、長崎造船所の臨時工として解雇とたたかった経験をもつ古木泰男さん（83）も話します。

「過去に軍需で大きくなった三菱は、いままた同じ道を進んでいます。平和産業として社会発展に貢献する企業にしていくのは、平和を愛する運動の力です。巨大企業三菱を相手に声をあげる『長船労働者』の『ど根性』は、脈々と受け継がれていくはずです」

修学旅行で長崎を訪れる中高校生が「今までにないくらい強い力で拍手した」と評価する、地域の合唱団があります。長崎の被爆者、故渡辺千恵子さんの半生を合唱と語りで伝える「平和の旅へ」合唱団です。

千恵子さんは寝たきりの生活を経て脊髄整形の手術を受け、車椅子に乗って被爆体験を語る「平和の旅」に人生をささげました。

「歌を聴いている子どもたちが途中で涙を拭い始めるんです。歌っている私たちも、もらい泣きしてしまう」

こう語る合唱団長の小笠原一弘さん（75）も長崎造船所の元労働者です。合唱団結成は1984年。長崎造船所の労働者たちが大きな役割を果たしたといいます。団員は現在約100人にのぼり、演奏回数はのべ230回を超えました。

「被爆の実相を伝え、戦争勢力の手足を縛る運動の一助になってきたと自負しています」

合唱を聞いた多くの中高生たちから次のような感想文が寄せられています。

「カナシクて涙がおちてゆくぐらい」

「これから本当の平和をつかむために、どんな小さなことでもがんばって積極的に解決していきたい」

「平和は、来るのではなく、自分達、一人一人が作っていくものだ」

Ⅱ部 戦後の軍需産業の起源

1　米のアジア戦略に追随

第2次世界大戦後、政府が引き起こした戦争の惨禍を反省し、「平和を愛する諸国民の公正と信義に信頼して」（憲法前文）安全と生存を守ると宣言した日本は、米国の政策転換によって再軍備の道へと急旋回しました。このとき、米国に「衷心からの感謝」をささげたのが日本の軍需産業でした。財界が当時まとめた文書は、米国につき従う日本の異常性の起源を生々しく記録しています。

1946年8月に発足した経済団体連合会（経団連）は、朝鮮戦争（50年勃発、53年休戦）に伴う「米軍特需」に対応するため、52年に防衛生産委員会を立ち上げました。同会が64年に発行した『防衛生産委員会十年史』（『十年史』）は、一度解体された日本の軍需産業が復活を遂げるいきさつを、当事者の言葉で子細に記述しています。

戦後、日本は実質的に米国の単独占領のもとに置かれました。日本を占領した連合国軍総司令部（GHQ）の上部機構は米国の組織であり、もっぱら米国の国策に沿って占領政策を行いました。

終戦直後の米国の対日政策は、日本経済の徹底した「非軍事化」を基調としました。日本から軍国主義を永久に除去することを求め、「再軍備を可能にするような産業は許されない」と規定したポツダム宣言（45年8月14日に日本受諾）に合致する政策でした。

この政策を振り返り、『十年史』は激しく論難しました。

「基礎産業部門に対してすら、苛酷きわまる制限措置を課することをきめ、ついに日本経済の半永久的な弱体化政策にまで移行するに至った」

武器生産を担当する国内唯一の産業団体として53年に発足した日本兵器工業会は、さらにあけすけでした。61年に発行した『日本の防衛産業』で、戦時中の武器生産への無反省ぶりをあらわにしたのです。

「過去80年間、国をあげて営々と築きあげた陸・海軍の軍事力は、一片の命令で容赦なくうち砕かれた。この実情を眼前に眺めた国民の胸中には、これから何年たったら昔の姿にかえるであろうかと、悲愁の感がこみあげた」

しかし米国はまもなく、日本をアジア戦略の軍事拠点とする政策に転じました。ソ連との対立激化や中国革命の前進が背景にありました。中国共産党が内戦に勝利する見通しが濃厚となり、中国国民党政権を米国の同盟者として育成する政策が破綻したのです。

経団連会館＝東京都千代田区

48年1月、ロイヤル米陸軍長官は日本の経済的自立をはかって「新たな全体主義戦争の脅威に対する防壁の役目」を果たさせると演説しました。

日本を極東における〝反共の防壁〟にするという意思表示でした。ポツダム宣言と日本国憲法を公然と踏み破る道でした。

日本の財界は進んで米国に追随しました。経団連防衛生産委員会の千賀鉄也事務局長（当時）が、そのころの財界を覆っていた気分を語っています。

「国際的な動きからいえば、中国の革命があり、ソ連はご承知のような（『社会主義』を名乗る）状態です。加えて朝鮮半島が二つに分かれるというふうな問題にまで発展したわけです」「もうアメリカしかないということですよ」（エコノミスト編集部編『戦後産業史への証言三』）

2　米軍特需に拍手喝采

朝鮮戦争が始まった１９５０年、米国は連合国軍総司令部（ＧＨＱ）を通じて日本に警察予備隊をつくらせ、52年には本格的な武器の生産を解禁しました。日本の経済力や軍事力を活用して「アメリカの直接的負担を軽くする」（経団連防衛生産委員会『防衛生産委員会十年史』）という狙いがありました。

米国が警察予備隊に求めたのは朝鮮戦争へ出動した在日米軍の穴埋めでした。急遽《きゅうきょ》募集された隊員は米軍の兵器を貸与され、米軍指揮官の指示で訓練されました。当時の警察予備隊総隊総監だった林敬三氏は回想して嘆きました。

「米軍将校によって指揮されて、米軍将校のもとにおける日本の隊員という形の部隊ができることは将来のためにきわめて適当でないことだという感じを持ちながら、それをながめていた」（防衛庁『自衛隊十年史』）

52年には米軍から日本企業への大規模な武器の発注が始まり、総額520億円を超す特需となりました。

日本企業が受注したのは、81ミリ迫撃砲弾63万発（大阪金属工業、小松製作所）、105ミリ榴弾各種75万発（神戸製鋼所）、75ミリ無反動砲弾19万8000発（住友金属工業）などでした。

『防衛生産委員会十年史』は「日本に兵器工業の基盤を植え付けることによって、極東ならびに東南アジア地域における兵站《へいたん》基地的な役割を果たさせようとの意図」を米国が持っていたと指摘します。

経団連防衛生産委員会の千賀鉄也事務局長（当時）の証言は、より具体的です。

「朝鮮動乱で米軍のストックがなくなったんですよ。米軍はそうとう弾薬を使いましたから、極東の米軍の弾薬庫は枯渇したに違いない」

「朝鮮動乱もさることながら、アメリカはむしろインドシナ戦争に対する軍事援助に日本の軍事生産力をできるだけ活用しようという考え方だった」

「防衛生産に関する日本政府の施策はあとを追っかけていった――いうならば、物事は他律的に進んだ」

「日本政府が知らないあいだに、事態は進んでしまったんです」（エコノミスト編集部編『戦後産業史への証言　三』）

インドシナ戦争は46年から54年まで、ベトナム民主共和国の独立を認めないフランスが再侵略を図った戦争でした。米国は全面的な軍事援助を行い、航空機、戦車、弾薬などを提供しました。

こうしたアジアでの戦争を有利に展開するために、日本の軍需産業を解体する政策から育成する政策へと、米国は１８０度転換したのです。事態は日本企業への直接の発注という形で、日本政府の頭越しに進められたのでした。

米軍からの特需によって、日本の軍需産業はにわかに息を吹き返しました。

「荒れるに任せてあった旧軍工廠《こうしょう》や民間工場は約70億円といわれる巨額の設備投資により整備され、四散した技術者は集められ、全力をあげてこれに応じた。受注会社は有力な金属加工関係13社、火薬関係10社と、これに関連する多数の会社が参加し、従業員の総数は3万人を超すと推測された」（日本兵器工業会『日本の防衛産業』）

米国は終戦直後、日本の軍需工場の機械や設備を「賠償有権国に移し有益に使用させる」方針でした。これらの賠償指定についても米国は、「いち早く解除して、どうぞやってください」（千賀氏）と、武器生産を促す態度に転じました。

第2次世界大戦中に日本の武器生産を担った軍工廠も民間企業に貸与され、後に払い下げられました。

「当時でいうと、小松製作所の枚方《ひらかた》工場は軍の工廠ですよ。それから、大同製鋼が弾薬つくっていた高蔵工場が名古屋にあった。あれも賃貸、そのあと払い下げですよ」（千賀氏）

米国の対日政策に対する日本の財界の恨み節は、拍手喝采にとってかわりました。

「現実は10年も20年もの遠いことではなく、僅《わず》か5年にして（失った軍事力への）この感傷を消し飛ばし新しい希望が《ママ》よみがえらせた」（『防衛産業』）

「アメリカの緊急調達は、戦後彪大《ぼうだい》な遊休設備を擁して苦況にあえいでいたわが国の企業に対して、まさに立上がりの重要なきっかけを提供した」（『十年史』）

3　米国に「衷心からの感謝」

米国主導による武器の生産は、日本の産業全般に影響を及ぼしました。米国が多数の軍人や技師を日本に派遣し、技術向上、生産管理、検査業務の指導を行ったからです。

「（兵器生産は）当時の関係産業部門にきわめて大きな影響を与えた。特に品質管理、検査方式等については、アメリカ軍の持つ新しい高度のものが要求された結果、元請会社のみならず関連会社、下請会社に至るまで貴重な技術的体験を習得させることとなり、後々の発展に大いに役立った」（経団連防衛生産委員会『防衛生産委員会十年史』）

産業界は莫大《ばくだい》な特需ばかりか、最新の技術を習得する機会をも得たのです。日本の財界は米国への依存を一気に深めました。

経団連防衛生産委員会と日本兵器工業会は55年、米軍と日本政府の首脳部を招き、式典とカクテル・パーティーを催しました。１００万発の砲弾納入を記念するためでした。

このときの財界側あいさつが当時の雰囲気を伝えています。神戸製鋼所の浅田長平社長（当時）は、設備が近代化された意義を強調しました。

「アメリカのスペック及《およ》び図面による砲弾製造は初めてのことでもあり、当初は種々の困難や疑問に逢着《ほうちゃく》して困りましたが、幸い米軍当局の懇切なる御指導と御鞭撻《ごべんたつ》により、所謂《いわゆる》米国式の量産方式と検査方法に基づき、最も近代化せる設備を整え併せて技術の練磨向上に努めました結果おかげ様で生産を順次軌道に乗せることができました」

「米国極東軍司令部兵器局長リンド准将より感謝状を頂戴致しましたことは神戸製鋼所及《および》系列各社の忘れることの出来ない名誉と喜びでございました」（『十年史』）

小松製作所の河合良成社長（当時）は兵器産業を輸出産業ととらえ、東南アジアへの輸出に乗り出す意図を示しました。

「弾薬に関する限り、私共は平時におけるわが国の防衛需要を充たした上に、東南アジア諸国の要求にも応じ得るのであります」

「斯《かか》る能力がもっぱら米軍当局の示された深甚な同情、技術的な指導、啓発、ならびに一貫した親切と理解によってもたらされたものであることを、衷心からの感謝をもって憶《おも》い起すのであります」

「私共はこの事業に従事したことに聊《いささ》かの後悔も持たないばかりか、日本にとって莫大な輸出産業を完成したのであります」（『十年史』）

このように、日本の財界にとって米国は「衷心からの感謝」の対象となり、米国の戦争に武器を供給することは「名誉」「喜び」となりました。それは「我国《わがくに》兵器産業の復興」（浅田社

復元された第２次世界大戦中の零式艦上戦闘機＝三菱重工業名古屋航空宇宙システム製作所史料室（愛知県豊山町）

長）という野望の実現に直結していたからです。

米軍特需の中で大きな意味を持った分野に航空機の修理がありました。米軍の戦闘機や練習機の分解修理作業が発注されたのです。受注したのは昭和飛行機、川崎航空機、新三菱重工業などでした。

「アメリカ軍の発注は、わが国航空機工業再開のきっかけをなしたという意味において忘れることのできないものであった」

特に重要だったのが、新三菱重工と川崎航空機が受注したジェット機の修理でした。

「当時まったく未経験の新機種に対する知識、技術を、わが国に体系的に植え付ける意味において大きな役割を果たした」（『十年史』）

日本の軍需産業はこうして復興の足がかりを得ました。その原動力は、米国のかじ取りのもとで、米国の資金と技術に依存して、米国の戦争に協力することだったのです。

一方、日本への軍事援助は米国の軍需産業界にとって新規市場の開拓という意味を持ちました。経団連防衛生産委員会の千賀鉄也事務局長（当時）が証言しています。

「日本も米軍機のオーバーホール（分解修理）はやっていたが、ノーハウ（技術や知識）は全部アメリカの業界から入れていた。いわんや、将来ジェット機の生産になれば、ライセンス（免許）、ノーハウは当然アメリカの業界が提供することにならざるをえない」

「アメリカの業界とすれば、それによってマーケット（市場）が一つふえるという意味で歓迎した」（エコノミスト編集部編『戦後産業史への証言　三』）

4　兵力50万人の軍拡構想

経済団体連合会（経団連）のもとに軍需産業界の要望をまとめる防衛生産委員会が設立された背景にも、米国の思惑がありました。

同委員会の千賀鉄也事務局長（当時）は後日、「防衛生産委員会は、アメリカとの話合いのもとにできた」（エコノミスト編集部編『戦後産業史への証言　三』）と述べています。双方の共通の関心事は、日本の軍事力を増強し、武器生産を拡大することでした。

１９５２年に本格化した米軍からの特需が遠からず終わるという見通しは、関係者には自明のことでした。51年7月にはすでに朝鮮戦争の休戦会談が始まっていたからです。

日本の財界は武器生産の継続性という難問に突き当たっていました。米軍特需の終了を見越して、将来の武器需要を確保することが喫緊の課題でした。

そのために財界が選んだ基本路線は、米国にすがりつくことでした。千賀氏は次のように述べています。

「アメリカの占領政策が終了し、経済援助も空白状態になりかかっている。一方、朝鮮動乱もいずれ終わって、朝鮮特需もなくなる見通しにある」

「日本経済は自立するどころか、極めて苦しい状況に追い込まれかねない。このような状況を打開するため、アメリカとの経済協力関係を恒久的なものにしよう。そのために、アメリカの経済協力を要請する一方、日本の工業力を積極的に活用してもらいたいと要望した」（『証言』）

他方、アジアでの戦争に膨大な費用を注ぎ込んでいた米国の考えは、「日本にも自衛力を持たせ、アメリカの直接的負担をいくらかでも軽くする」とともに、「アメリカの国防動員計画に、日本の経済力を活用したい」（経団連防衛生産委員会『防衛生産委員会十年史』）というものでした。軍事費を増やし、「自ら努力する」ことを日本に迫っていました。

米国と協力してこうした課題に取り組むために、経団連は52年に経済協力懇談会を発足させ、内部に防衛生産委員会を置いたのです。経済協力懇談会は、日米協力を進める特別組織として経団連が51年につくった日米経済提携懇談会を改組したものでした。

改組にあたって経団連は、「アメリカ大使館経済部次長P・カー氏を交じえて意見の交換」を行い、米国の思惑を把握しました。発足した経済協力懇談会は「米国等との提携のもとに、極東諸地域に関する防衛生産の強化に協力」することを目的に掲げました。

日本の軍拡は、日本の財界自身の宿願でもありました。米軍特需に代わる武器需要が、日本政府によって生み出されるからです。

「将来の危険を極力少なく、しかも一定のバランスを持った堅実なかたちにおいて兵器工業を再建しようとすれば、結局、日本自体の自衛力の将来規模がなんらかのかたちで明らかにされ、これを基本的なベースとして進めていくことが、どうしても必要であった」（『十年史』）

こうした考えに基づいて経団連防衛生産委員会は53年、「将来わが国の保有すべき防衛力の規模」に関する「試案」を作成しました。陸上兵力は30万人、海上兵力は７万人、航空兵力は13万人で計50万人。艦艇29万トン、航空機３７５０機という巨大な規模でした。国民所得に占める軍事費の割合は最大10％と見積もりました。

現在、自衛官の現員は22万６７４２人（15年3月現在）です。その２倍を超す軍事大国化を構想したのです。

5　米軍は「甘い」と言った

「防衛力漸増のモデル」を示した経団連防衛生産委員会の「試案」は当時、国民には知らされませんでした。ひそかに「政府関係方面に提出」され、「対米活動のための重要な基礎資料として活用せられ」（経団連防衛生産委員会『防衛生産委員会十年史』）ました。

後に内容が明るみに出ると、再軍備に関する「経団連試案」と呼ばれ、大きな波紋を広げました。「徴兵制度を考えなければ、これはとてもできる計画じゃない」（経団連防衛生産委員会の千賀鉄也事務局長＝当時）と試案作成の当事者が認めたほど、極端な軍拡構想だったからです。

なぜそれほど大規模な軍拡を考えたのか。千賀氏が二つの理由を明かしています。

一つは、試案作成のスタッフとして参画したのが「旧軍の専門家」だったことです。

試案の作成にあたったのは、防衛生産委員会内の審議室でした。審議室の委員長は経団連の植村甲午郎《うえむらこうごろう》副会長（当時）。幹事は千賀氏本人でした。

委員には、保科善四郎《ほしなぜんしろう》元海軍中将、原田貞憲元陸軍少将、吉積正雄《よしづみまさお》元陸軍中将が就いていました。さらに、技術参与として多田力三元海軍中将、清水文雄元海軍中将、大幸《おおさち》喜三郎元陸軍中将、福田啓二元海軍中将が参加しました。ほかにも、後に兵器工業会副会長になる菅晴次《かんはるじ》元陸軍中将、原乙未生《はらとみお》元陸軍中将が加わりました。

千賀氏は、旧日本軍の軍人が大挙して計画立案に携わったため、「自衛隊（当時は保安隊）はひとり立ちさせるという考え方が強く出てきた」（エコノミスト編集部編『戦後産業史への証言三』）と発言。次のような指摘も行いました。

「要するに、経団連試案は多分に戦時中の動員問題が頭に残っている人が考えたものですよ」

「朝鮮動乱がみなさんの頭のなかにあったに違いない」

「旧軍人のノスタルジア（郷愁）で、戦略的分析が欠けている」

日本の財界が戦後、いかに戦時中の軍部の人脈と思想を受け継いで活動したか。具体的に示す証言です。

しかし、試案が巨大な軍拡構想になった理由は、単なる旧軍人の郷愁だけではありませんでした。米国が関与していたのです。

千賀氏によれば、試案は「米軍ともある程度話合いをした上で」つくられました。話し合いの中で米軍は、日本の大軍拡を推し進めるようにけしかけました。

このころ、木村篤太郎保安庁長官が「警備五カ年計画」を前年の52年にひそかに策定していたことが発覚し、国会で追及を受ける騒動となっていました。「木村試案」と呼ばれた計画は、

5年間で陸上部隊21万人、艦艇14万5000トン、航空機1400機を実現するという内容でした。これに関して米軍は「甘い」と強調したのです。

「アメリカにすれば、どうもこの程度では甘いという見方です。とくに米軍の日本の出先がそういう考え方です。つねに接触しているからすぐわかる。それで、防衛生産委員会で、木村試案は試案として、それとは別に何か考えてみようということになったわけです」（千賀氏）

経団連が試案の作成にとりかかる動機そのものが、米軍の入れ知恵だったことになります。戦後、まだ自衛隊ができてもいない時点で経団連がつくりあげた異様な軍拡構想の根底にも、〝自国の戦争の負担を軽くするために日本を活用する〟という米国の意図が横たわっていたのです。

軍需産業の再建をもくろむ日本の財界は、渡りに船とばかりに、米国の意図に乗っかって日本政府に大軍拡を勧めたのでした。

経団連防衛生産委員会がいかに米国と密接な関係を築き、軍拡のために奔走したか。千賀氏が述べています。

「防衛生産委員会が動き出した段階でもほとんどアメリカ側との話合いですね。たとえば、（戦闘機）F86とか、T33の生産を日本にやらせるという問題にしても、当時保安庁時代で、航空自衛隊なんてないから、防衛生産委員会に直接（米国から）話があったんです。当時、一《いち》万田尚登《まただひさと》さんが大蔵大臣、高碕達之助さんが通産大臣で、われわれは石川一郎（経団連）会長を先頭に立てて、両大臣を説いて回りましたよ」

6　計画は米国への手土産

経団連防衛生産委員会が米国の意見にのっとって作成した大軍拡の「試案」は、日本政府の「第1次防衛力整備計画」（１９５７年決定）、「第２次防衛力整備計画」（61年決定）として一歩ずつ実を結んでいきました。

これに先立ち、51年には日米安全保障条約（旧安保条約）が調印され、52年に警察予備隊が保安隊と改称。54年には防衛庁が設置され、陸海空の自衛隊が設立されていました。

旧安保条約の第1条は米国に対し、陸海空軍を「日本国内及びその附近に配備する権利」を与えました。朝鮮戦争で軍事拠点と化した日本に米軍を無制限に駐留させる目的でした。同条約の前文で日本は「自国の防衛のため漸増的に自ら責任を負うこと」も約束させられました。

経団連防衛生産委員会は「自衛力の裏づけとしての防衛生産」を合言葉とし、「わが国の防衛生産体制」のあり方や必要な施策について「建設的な意見なり、計画なりをとりまとめる」（経団連防衛生産委員会『防衛生産委員会十年史』）活動に従事していました。

こうした動きかけを受けて「第1次防衛力整備計画」を決めたのは岸信介内閣でした。当時の岸内閣には、「自衛力漸増の方針と計画を、政府レベルにおいて、早期に決定しなければならない」差し迫った事情がありました。その「事情は、岸総理の訪米問題」（『十年史』）でした。

岸内閣は日米安保条約の改定問題、沖縄・小笠原の領土問題など、対米関係の懸案事項を抱え、米国首脳部と意見交換する必要に迫られていました。「それには訪米までに、話合いのための一つの前提として、自衛力漸増にかんする政府の考え方を固めておく必要があった」（『十年史』）のです。

このような事情を反映して、「開店休業」状態だった国防会議（首相の諮問機関）がにわかに動き出し、57年5月に「国防の基本方針」を定めました。「効率的な防衛力を漸進的に整備する」ことを方針としたのです。軍事費を年々増大させるという宣言でした。

次いで「防衛力整備計画」が検討され、同年6月14日に閣議決定されました。58年から3年間で陸上自衛官18万人、海上自衛隊艦艇12万4000トン、航空自衛隊航空機1300機を整備する計画となりました。

岸首相と米国首脳部との会談は6月19日に始まりました。「防衛力整備計画」決定のわずか5日後でした。

訪米団には経団連の植村甲午郎副会長（当時）と保科善四郎元防衛生産委員会審議室委員（衆院議員＝当時）も参加。「関係方面との接触」（『十年史』）を行いました。会談終了後に発表された日米共同声明には、日本の軍拡計画決定を喜ぶ文言が盛り込まれました。

「米国は日本の防衛整備計画に歓迎の辞を表した」

こうした経過をみれば、急ピッチで整備された日本の軍拡計画が、岸首相の米国への手土産だったことは明白です。日本の財界は当事者として成り行きをつぶさに観察し、後押ししていたのでした。ポツダム宣言と日本国憲法を踏み破る日本の軍拡は、こうして、米国と日本財界の合作で推し進められました。

「防衛力整備」の第1次計画は、年1億〜1億5000万ドルにのぼる米国の武器無償供与に頼っていました。これに対し、第2次計画は「近代的装備の国産化」を狙いとしました。米国の軍事援助が「無償から有償へ」と転換されていったことも契機となりました。

これらの計画に経団連防衛生産委員会がどのように関与していたのか。同委員会の千賀鉄也事務局長（当時）が証言しています。

「結局ずうっと防衛生産問題をトレース（調査）していくのはわれわれしかない。それで、われわれのほうからものを言わざるをえなくなる。生産行政についてだけではなしに、防衛計画そのものの立て方すら、ものを言わざるをえなくなってくる。というのは、日本では防衛計画が即防衛生産計画につながる。つまり、日本の防衛産業というものはもっぱら防衛庁の発注によって左右される」（エコノミスト編集部編『戦後産業史への証言　三』）

「日本の自衛のため」を建前とする政府の計画は、実際には、軍需産業界の手で、軍需産業界の都合に従ってつくられたものだったのです。

7 「死の商人」の強い衝動

朝鮮戦争に伴う米軍からの特需は1955年に「弾薬の発注が停止されるとともに、一部航空機、車両等の修理を残して激減」（経団連防衛生産委員会『防衛生産委員会十年史』）しました。特需に代わる武器需要を確保するために日本の財界がめざしたのは、自国の軍拡だけではありませんでした。東南アジア諸国への武器輸出をもくろんだのです。『十年史』が理由を説明しています。

「特需によって培養された防衛生産は自国の防衛力を対象とする防衛生産にその性格を大きく転換されるにいたった」

しかし「需要の規模は極めて小さく」なったので「甚だ困難な問題が提起された」。例えば「弾薬のように特需によって既に培養された能力を自衛隊将来の需要に備えて如何《いか》にして維持するか」。

このとき「ＳＥＡＴＯ（東南アジア条約機構）諸国を中心に東南アジア諸国に対し、アメリカの軍事援助が増強されていた。そこでわが国の防衛生産にとり、この方面の需要が大きな関心事とならざるをえなかった」。

特需で培養された武器生産の規模を維持するには現在の自国の需要だけでは小さいので、東南アジア諸国に過剰な武器を売りさばこうと考えた、というわけです。対象は米国が軍事同盟を結ぶ国々でした。海外の武器市場も、米国依存で切り開こうとしたのです。

防衛生産委員会は55年半ばごろから「東南アジア諸国の軍装備の情況を調査し、この方面の潜在的需要の測定に努め」ました。調査対象は２１９品目に及びました。施設機材、軍用車両、鉄砲類、弾薬類、航空機などでした。

56年３月には経団連が南ベトナム、カンボジア、タイ、ビルマ（現ミャンマー）、パキスタンの５カ国に使節団を派遣しました。防衛生産委員会は、この使節団に「防衛生産の方面についても関心を払うことを求め」ました。これを機に、東南アジアへの軍用車両や軍用通信機材の輸出、南ベトナム海軍工廠に対する技術援助が実現していきました。

しかし、輸出実績は思うように伸びませんでした。防衛生産委員会は59年、「輸出市場開拓の問題点を洗い、隘路《あいろ》打開の途を検討する」ために、内部に市場対策委員会を新設しました。

手始めに市場対策委員会が取り組んだのは、武器輸出交渉の現況調査でした。それによれば当時、東南アジアを中心とする16カ国との間で60件にのぼる商談が行われていましたが、成約が見込まれるのは2～3件にすぎませんでした。

成約不振の原因は何か。市場対策委員会の結論はこうでした。

「兵器類の輸出は機密ないしは政治的な問題で防衛庁をはじめとする関係官庁と甚だ面倒な折衝を行う必要があるという一般の商品にはみられない特別な阻害要因がある」

そこで防衛生産委員会は62年、「兵器輸出に関する意見書」を政府と自民党に提出しました。武器輸出が必要な理由を連綿とつづり、「早急に国の基本的方針を確立すること」を迫る内容でした。強調したのはもっぱら、武器輸出による経営上の利益でした。

「(軍需産業は)少量生産をまぬがれず、進歩が甚だ急速で量産期間が短いということから生ずる防衛生産に特有な経済的難点を有し、これを克服する手段として輸出が必要」

「兵器の輸出は高級商品の輸出市場開拓の手掛かりとして看過できない」

「兵器輸出の軽視が単に兵器の輸出の機会を失う損失に止らず、その接触によって得られる他の重要にして機微な機会をも失う結果となり、国際競争上著しく不利な立場におちいる」

(『十年史』)

自らの権益を維持し拡大するための手段という位置づけを隠しもせず、日本の財界は武器輸出を熱望したのでした。戦後の再出発の早い時期から、世界に武器をばらまくことで利益を得る「死の商人」としての強い衝動を、日本の財界はあらわにしていたのです。

8　安倍政権が陥った悪循環

1950～60年代に日本の財界がもくろんだ武器の輸出は結局、挫折しました。経団連防衛生産委員会の『防衛生産委員会十年史』（64年）は、東南アジア諸国の対外支払い能力の不足や、日本の武器生産の未成熟を要因にあげました。同時に、最大の「輸出阻害要因」は「政治的問題」だったと指摘しました。世論が政治的な歯止めを生み出していたのです。

小松製作所の河合良成社長（当時）の発言が象徴的です。「民衆は、私共を目して『死の商人』と呼び、銀行家は私共の事業に融資することを遅疑した」（『十年史』）

世論の圧力と国会の論議の中で67年、自民党政権も武器輸出を禁じた三原則を定めました。防衛生産委員会の千賀鉄也事務局長（当時）によれば、このころ「兵器メーカーは、どちらかというと、二次防三次防など自衛隊を対象としての兵器生産に焦点を移していました」（エコノミスト編集部編『戦後産業史への証言　三』）。

しかし、日本の財界は武器輸出の選択肢を捨て去ったわけではありませんでした。『十年史』は、武器生産を担う民間企業が「死の商人」に転化していく論理を、自ら告白していました。

「自衛隊の平時の必要補給率だけを対象として防衛生産を考えると、民間企業としては経済的に成り立ちがたいものが現われてくる」

軍需企業には「小量多品種生産という困難が常につきまとい」、生産活動が「数ヶ月の（設備の）稼働でおわるため」に、「過剰設備や、時には遊休人員すら生じ」るなど、「経営上好ましくない事態がおこりがちであった」。

「もし海外に市場を求めることが出来れば、このような需要と経済単位との間の矛盾もある程度解決され、経済的なロス（無駄）も緩和されるであろう」

「市場の拡大」は「企業の本能的欲求とも称すべきものである」。

国内向けの少量生産では無駄が生じるのだから、海外に市場を求めるのは企業の本能だというのです。輸出した武器が破壊と殺戮をもたらすことへの自省は全くみられません。

武器が少量生産になりがちな背景には武器の特異な性格があります。『十年史』は、武器の「進歩が甚だ急速で総じて量産期間が短い」ことを強調しました。軍拡競争のシーソーゲームにより、相手の性能を上回ろうとして新たな武器が次々に開発されるためです。

武器が高性能になるほど設備も高度化し、開発費用は莫大になります。軍需企業や軍事力強化をめざす国家はますます武器市場の拡大を欲する、という悪循環に陥ります。

現代の武器生産は絵に描いたような軍拡競争の悪循環にはまり込んでいます。この悪循環に身を投じ、武器輸出禁止の原則を投げ捨てたのが安倍晋三政権です。安倍政権のもとで防衛省が定めた「防衛生産・技術基盤戦略」（２０１４年6月）は、武器輸出を解禁する理由を明記しました。

「技術革新や開発コスト高騰等により、欧米主要国においても一国で全ての防衛生産・技術基盤を維持・強化することは、資金的にも技術的にも困難となっており、航空機などについては、国際共同開発・生産が主流となっている」

「武器輸出三原則等の我が国の特有の事情により（共同生産に）乗り遅れ、我が国の技術は、最新鋭戦闘機やミサイル防衛システムなどの一部先端装備システム等において米国等に大きく劣後する状況となっている」

国際共同の流れに乗らなければ、高度化した武器を生産できないという主張です。

米国主導の国際共同生産の特徴は、すべての共同生産国が安定的な買い手になるうえ、共同生産に参加しないユーザー（使用者）国にも買わせることで、武器の大量生産を可能にする点にあります。日本が共同生産に参加する最新鋭戦闘機Ｆ35のユーザー国には、パレスチナへの空爆を繰り返すイスラエルも含まれています。紛争の火に油を注ぐ行為にほかなりません。

戦後、米国従属下で復活を遂げた日本の軍需産業が、あくなき利潤追求という資本の本性に従って固執してきた「死の商人」の論理を、安倍政権は丸のみしたのです。日本の武器輸出解禁は米国の積年の要求でもありました。日本の国家予算と高度先端技術を、いっそう大規模に自国の軍事戦略に活用できるようになるからです。

米国と日本の財界が共同で推し進めてきた日本の軍備増強と、日本国憲法の平和原則との衝突は、極限に達しています。

Ⅲ部

商機に沸く軍需産業

1　戦闘機工場の増強進む

２０１４年４月に武器輸出三原則を投げ捨てた安倍晋三政権は、15年６月には軍需産業育成を目的とする防衛装備庁の設置を法律で定めました。米国への軍事協力を強める中で日本の経済と学問を軍事化する動きが急速に進んでいます。

「従来枠組みを打破し事業規模拡大」

三菱重工業が５月８日に発表した「２０１５事業計画」は、「防衛・宇宙ドメイン（分野）の新事業強化」方針を掲げました。

軍事と宇宙の分野で従来の枠組みを打ち破り、「次世代に向けた新たな事業やビジネスモデルの変革・創出」を行うというのです。

「成長戦略」の筆頭に挙げたのは「防衛装備移転三原則を梃《てこ》に海外展開」すること。つまり武器の輸出でした。「陸海空シナジー（相乗効果）で国内防衛分野の受注拡大」を図る方針も強調しました。

この「成長戦略」に沿う大規模な工事が、同社の小牧南工場（愛知県豊山町）で進行中です。米国主導で国際共同開発された次期戦闘機Ｆ35の最終組み立て施設を建設しているのです。

これまで同社の戦闘機製造は、愛知県内の３工場からなる「名古屋航空宇宙システム製作所」で行われてきました。設計・研究や部品製作を行う大江工場（大江町）。戦闘機の部分構造を組み立てる飛島工場（飛島村）。そして最終組み立てを行う小牧南工場です。

現在進められているのは、小牧南工場内の既存施設の一部を取り壊してＦ35の生産エリアを設ける工事です。同時に、大江工場と飛島工場の軍事関連機能を小牧南工場に集約するという、きわめて大掛かりな計画が持ち上がっています。

同社の関係者によれば、３工場の機能を集約する理由の一つは「情報セキュリティーの強化」です。秘密保護体制を抜本的に強める思惑がうかがえます。

同社はＦ35の生産に向け、名古屋航空宇宙システム製作所の人員を大幅に増強しています。商船の造船事業が悪化した同社の長崎造船所からも大規模な人員再配置を行ってきました。

三菱重工労組長船支部が会社側との協議内容を記した「拡大事業所生産小委員会報告」（13年7月8日付）によると、同社は13年前半に航空機部門の工場がある名古屋地区と山口県下関地区へ、約１７０人もの配置転換を実施しました。それでもなお、「（ジェット旅客機）ＭＲＪの試作・量産」や「次期主力戦闘機（Ｆ35）の生産準

戦闘機や対潜哨戒ヘリコプターが並ぶ三菱重工の小牧南工場＝愛知県豊山町

備」などで「中長期的な高操業が見込まれる」ため、「早期かつ大幅な増員が必要」と判断。13年10月に長崎造船所から93人を名古屋航空宇宙システム製作所へ配転しました。

さらに、戦闘機の設計・製造機能を小牧南工場に集約するための第1段階として、大江工場と飛島工場から300人規模の移転を15年中に行う計画です。戦闘機を製造する小牧南工場の機能は著しく強化されることになります。

人員を減らす長崎造船所でも武器づくりは強めます。二つの工場のうち1カ所は商船から撤退し、艦艇工場に特化する計画です。

三菱重工長崎造船所で船内の電気工事をしていた錦戸《にしきど》淑宏《よしひろ》さんはいいます。

「三菱重工は『軍需産業の育成を国策にせよ』『武器輸出三原則を撤廃せよ』と要求し続けてきました。安倍政権のもとでそれが実現したいま、『戦争する国』の兵器工場として肥大化しようとしているのです」

2　軍需産業は商機に沸く

三菱重工業の小牧南工場（愛知県豊山町）には、同社製の戦闘機などの実物を展示した「名古屋航空宇宙システム製作所史料室」が併設されています。

史料室入り口付近の最も目立つ位置に置かれているのは戦時中の零式艦上戦闘機（零戦）です。「抜群の運動性、航続力、強力な火力」を備えた「栄光の名機」であり、「世界の空に君臨することとなった」との説明書きが添えられています。「製造に心血を注がれた先輩諸氏」をたたえる内容です。

史料室には研修中の若手社員らの姿もあり、零戦の前に並んで説明を受けていました。侵略戦争への協力を「栄光」の歴史として語り継いでいるのが三菱重工なのです。

現在、小牧南工場が心血を注いでいるのはＦ35の最終組み立てを担う準備です（注５）。Ｆ35は２００１年から米国と英国を中心に９カ国で共同開発されてきた最新鋭ステルス戦闘機。野党時代の自民・石破茂衆院議員が「Ｆ35は対地攻撃が専門で、日本に必要な防空戦闘機ではない」、「（次期戦闘機の選定が）なぜＦ35なのか疑問だらけだ」（11年12月24日付東京新聞）と批判した攻撃機です。

日本は共同開発には加わらず、民主・野田佳彦政権下の11年12月、老朽化したF4戦闘機の後継機としてF35の導入を決定しました。性能や経費において候補3機種中の最高得点を獲得しただけでなく、製造・修理への国内企業の参画が確保されたことを選定理由にあげました。続いて安倍晋三政権は13年3月、F35を武器輸出三原則の例外とする官房長官談話を発表しました。国内企業を製造に参画させるためでした。

F35の製造参画に武器輸出規制の問題がからむのは、F35の「ユーザー（使用者）国」が部品などを融通し合う国際システムに組み込まれるからです。「国内企業がF35の製造に参画した場合、国内企業が製造した部品などが他のユーザー国に移転することが想定される」（13年版『防衛白書』）のです。

F35のユーザー国は共同開発国にとどまりません。パレスチナへの空爆を繰り返すイスラエルなども含まれます。武器輸出三原則そのものの撤廃（14年4月）に先駆けて、武力を行使し民間人を殺傷する国への武器輸出を容認する前提で進められたのが、F35製造への日本企業の参画だったのです。

F35の製造に加わる日本企業は3社あります。エンジンの部品をつくるIHI。レーダーの部品をつくる三菱電機。機体の最終組み立てを行う三菱重工です。これらの企業が担うのは製造だけではありません。

米国政府はＦ35の「全世界的な運用」を想定し、北米、欧州、アジア太平洋の３地域に機体・エンジンなどの整備拠点を設ける予定です。14年12月には、アジア太平洋地域の整備拠点を日本とオーストラリアに置くことを決定。エンジン整備をＩＨＩの瑞穂工場（東京都瑞穂町）が担い、機体整備を三菱重工の小牧南工場が担うと防衛省は説明しています。

米国や日本や韓国など、この地域で各国が使うＦ35の整備業務が、ＩＨＩと三菱重工に舞い込むことになります。

15年1月、日本航空宇宙工業会の会報「航空と宇宙」に掲載された釜和明《かまかずあき》会長（ＩＨＩ会長）の年頭所感は、武器生産の強化に向けた期待の高まりをまざまざと示しました。「国内企業が（Ｆ35の）製造に参画する形態になっており、国内基盤の一翼となっております」。アジア太平洋地域の整備拠点を日本にも設置するという米国政府の発表は「更なる国内基盤の強化につながるものと期待いたします」。

防衛省が設立を計画する防衛装備庁で「防衛装備品（武器と武器技術）の海外移転についても検討が進められるものと思います。航空機の基盤強化には防衛事業が継続的に推進されることが重要であり、産業界としても協力してまいります」。

安倍政権がもたらした商機の拡大に、日本の軍需産業界は沸き返っています。

（注５）米国のロッキード・マーチン社は15年12月15日、三菱重工の小牧南工場でＦ35の組み立

てが始まったと発表しました。Ｆ35Ａの「ＡＸ５」と呼ばれる機体で、17年に完成する予定です。日本は合計42機のＦ35を導入する計画。最初の４機はロッキード・マーチン社が米国で組み立てますが、残り38機は三菱重工が小牧南工場で組み立てます。Ｆ35の最終組み立ては、日本政府が米国政府と交わした有償武器援助（ＦＭＳ）契約のもとで、三菱重工がロッキード・マーチンの下請けとして担います。三菱重工の関係者によれば、同社はＦ35の製造エリアにおいてきわめて高度な機密保持対策をとるよう米国側から求められています。厳密な入場制限と24時間３６５日の監視を行うために、資格を持つ社員による３交代勤務を導入しています。

3　事業規模「飛躍」掲げる

「防衛産業をめぐる環境は、この2年で大きく変化した」

経済産業省内で武器を扱う航空機武器宇宙産業課の飯田陽一課長（当時）が実感を語っています。軍需産業の業界団体「日本防衛装備工業会」のセミナー（２０１４年12月）で行った講演を、同会の会誌『月刊ＪＡＤＩ』15年3月号が報じました。

「安倍総理の下で、安全保障関係の政策の見直しが随分進みました。防衛産業あるいは防衛産業政策そのものも今、大きな転換期にさしかかっている」

現在の「変化」が、軍需産業にとってどれほど「大きな」意味を持つのか。武器輸出三原則の変遷をたどると見えてきます。

武器輸出三原則は１９６７年に佐藤栄作政権が定めました。①共産圏②国連決議で武器輸出を禁じている国③国際紛争当事国―への武器輸出を禁止するという原則です。さらに76年、三木武夫政権が「三原則」対象地域以外への輸出も「慎む」と表明し、全面禁止の原則へと強化しました。

国会も「日本国憲法の理念」に基づくこれらの原則が守られるよう「実効ある措置を講ずべきである」（81年3月31日、参院本会議）と決議しました。日本の軍需産業にとって、買い手は日本政府に限られることになりました。

しかしその後、米国の意向に沿った緩和が続きます。83年に中曽根康弘政権が米国への武器技術の提供を容認。２００４年に小泉純一郎政権が弾道ミサイル防衛システムの共同開発に伴う米国への武器輸出を認めました。これらは例外措置であり、武器輸出三原則そのものには手を付けられませんでした。

武器輸出三原則の全体をゆがめる転換に踏み出したのは民主党・野田佳彦政権でした。11年、個別に例外措置をとる手法を改め、協力国との共同生産に伴う武器輸出については「包括的に例外化」して容認しました。米国主導で開発された戦闘機Ｆ35の導入を決めた7日後でした。

ただし共同生産の相手国が武器を第三国へ輸出する際には、日本の事前同意が必要という条件を付けました。これが日米共同生産の「制約」となりました。米国が好き勝手に武器輸出を進めることができないからです。

こうした制約を取り払ったのが、安倍晋三政権でした。13年にF35を武器輸出三原則の例外とし、14年4月に三原則そのものを撤廃しました。

安倍政権が新たに定めた「防衛装備移転三原則」は、原則を180度逆転させました。①「国際協力」に資する場合②協力国との共同生産などわが国の「安全保障」に資する場合―には輸出を認めるという武器輸出容認原則に転換したのです。

紛争当事国へは輸出を禁じるとしながら、定義を狭めました。政府の定義では紛争当事国は現在「存在しない」（14年版『防衛白書』）こととなり、イスラエルも除外されました。第三国への輸出にも抜け穴を設けました。日本の事前同意を条件としながら、相手国の管理体制の確認のみで容認することも可能と定めたのです。

こうして、米国との武器の共同生産を広範に進める道が開かれました。それだけではなく、「新しい原則の下で新たなメカニズムが動き始めている」と飯田氏は述べています。

米国のみならず、欧州諸国を含む先進国との間で武器の「共同生産に向けた具体的な案件について議論する」。「新興国」や「アジアの各国」との間でも「自衛隊の防衛装備についてどのような協力ができるのか」を議論する―。そうした新たな枠組みができたというのです。「諸外国から私ども政府あるいは企業への接触が非常に増えている」と明かしています。

三菱重工業の「防衛・宇宙ドメイン（分野）」は15年6月8日の事業戦略説明会で「飛躍的な事業規模拡大に向けた準備の完遂」を当面の目標に掲げました。軍需産業から見れば、世界中で市場を開拓して事業規模を「飛躍」させる、絶好機が到来したのです。（注6）

（注6）16年6月10日の事業戦略説明会で三菱重工防衛・宇宙ドメインの水谷久和ドメイン長は、まさに「世界中」への武器輸出をめざす「心構え」を語りました。

「従来、特に防衛（分野）は国内の防衛省の装備品をサポートするのが主任務だった」

「しかしいま、いかにグローバル化に取り組もうかという状態になっている」

「陸・海・空・宇宙・サイバーのすべての領域で培ってきた先端技術をブラッシュアップして、最先端のテクノロジーを開発して、日本のみなさま、できれば世界中のみなさまに供給できるような、それらを通してよりよい世界、社会に貢献していきたい」

4　米の軍産複合体に融合

２０１４年5月13～14日、日米の軍需産業と政府（防衛省、経済産業省、米国防総省）の関係者が米国テネシー州に結集しました。同州に本部を置くバンダービルト大学で１９９０年から毎年続く「日米技術フォーラム」の25回目の会合が開かれたためです。

日米技術フォーラムは「安全保障上の共通の関心事項を強化するための、日米の技術協力と共同事業に関して自由に論議できる唯一の場」（『月刊ＪＡＤＩ』13年12月号）と評されてきました。

14年フォーラムの参加者数は99人。過去最高を記録した前回13年フォーラムの１・５倍にのぼりました。参加者が急増した理由は一つです。「日本が２０１４年４月１日に長年維持してきた武器輸出三原則を見直したことで生まれた好機をものにしたいという両国の企業、政府の思惑」（『月刊ＪＡＤＩ』14年12月号）が働いたのです。

『ＪＡＤＩ』14年12月号に掲載された14年フォーラムの「参加報告」は、冒頭で13年フォーラムの〝成果〟を誇りました。

「日本政府に対して、米国との有意義な協力と世界の防衛産業への日本の参入を可能にするため、規制を十分に緩和すべきだ」と13年フォーラムの共同声明で迫ったところ、「この要請に日本政府が応えた」。

日米の軍事関係者が結束して行動した結果として、安倍政権が武器輸出禁止原則を破棄したというわけです。

これを受け、14年フォーラムでは「これまでで最も現実的な機会に的を絞った」議論が行われました。米国政府関係者は「日本の政策見直しは両国に重要な結果をもたらすとの楽観的観測を表明」し、「運用が鍵になる」と付け加えました。

そのうえで、14年フォーラムの共同議長は「多数の参加者の意見が盛り込まれた声明文」を作成。「日本は新政策を円滑かつ柔軟に実施すべきだ」と主張しました。安倍政権に対し、日米軍需産業と米国政府に「現実的な機会」をもたらすよう迫ったのです。

「機会」とは何か。

『JADI』によれば、日本政府は「新体制の下で日本企業が目指すべき3つのビジネスモデル」を想定しています。①救助、輸送、捜索、機雷除去などの協力事業のまとめ役②日米間の共同開発・共同生産事業の戦略的協力者③国際的な共同開発・共同生産・部品共同管理システムへの参加者—の三つです。

このうち①はアジア諸国、③は欧米諸国との協力を主に想定していると考えられます。米国との2国間協力は②。「共同開発・共同生産」が中心になるということです。

『JADI』は14年フォーラムで次のような議論が行われたことを紹介しています。

「日本の輸出政策見直しに伴い、米国の研究開発プログラムへの有意義な関与も現実的可能性を帯びている」

共同で研究開発した武器やその部品を、日本から米国へ輸出し、米国から第三国へ輸出することが可能になったため、広範な共同研究が一気にうまみを増したというわけです。

共同生産の分野でも「日本企業の米国市場浸透を拡大するため」の「いくつかのアプローチ」が議論になりました。一例は「米国防衛企業の資産買収」です。「中小企業をターゲットにすれば、より初期段階の研究開発機会へのアクセスを増やせる可能性がある」と指摘されました。

米国では、巨大な軍事組織と軍需産業が「軍産複合体」を形成し、学界を巻き込んで社会全体に影響を及ぼす危険が指摘されてきました。安倍政権が開こうとしているのは、米国の軍産複合体に日本の軍需産業と研究機関を大動員し、融合させる「機会」なのです。

5　ロボットや電池も軍用

武器行政の「キーマン」といわれる防衛省の堀地徹・装備政策課長が、武器輸出ビジネスを育てる意気込みを語っています。

「わが国のメーカーは防衛省だけが顧客だった」ので、「自分たちの製品やサービス」が「市場でどの程度の価値があるのか把握していない」。だから「マーケットリサーチ（市場調査）がまずは必要だ。そのやる気を喚起する」（２０１５年5月23日「東洋経済オンライン」）。

安倍晋三政権は軍需産業の育成に熱中し、新たな手を次つぎに打ってきました。

２０１４年、武器輸出を容認する「防衛装備移転三原則」（4月1日）を定めるとすぐに、「防衛生産・技術基盤戦略」（6月19日）を策定。①国内開発②国際共同開発③ライセンス国産（許可料を払い他国企業の技術で生産）―などを組み合わせて武器を取得し、「防衛力と積極的平和主義を支える基盤の強化を行う」という方針を打ち出しました。

海外で武力を行使する「積極的平和主義」に不可欠の「基盤」とみなして、安倍政権は軍需産業の育成に傾倒しているのです。

同戦略は、国際共同開発においても「技術を取り込むことで、国内の技術の向上が図れる」

とし、あくまで日本の軍需産業の育成を重視する構えを強調しました。さらには、経済の軍事化を賛美する考えも表明しました。

「（防衛産業は）幅広い裾野産業を必要とし、その安定的な活動は国内雇用の受け皿となるほか、地域や国全体に対して経済効果を及ぼすことが期待される」

「防衛関連事業で得られた成果等を民生技術に活用することを積極的に推進する」

安倍政権は14年12月、武器輸出を「円滑に」進めるための検討会を防衛省の下に設置しました。今年4月までに4回の会合を開き、至れり尽くせりの輸出促進措置を検討しています。▽各国の需要に関する情報収集と海外での展示を含む武器の宣伝▽武器の運用や教育に関する途上国支援▽途上国の武器購入資金を援助するための法的根拠や枠組み――などです。

15年6月には軍需産業強化を目的に掲げる「防衛装備庁」の新設を盛り込んだ改定防衛省設置法を成立させました。賛成したのは自民党、公明党、維新の党などです。日本共産党、民主党、社民党、生活の党は反対しました。同庁内には海外との交渉の窓口になって武器の共同開発や輸出を推し進める部署（国際装備政策課）が設けられる予定です。

これらの制度的対応が実現する前から、武器の売り込みは活発化しています。当事者の堀地氏はいいます。

「米英仏豪の4カ国とは（武器輸出に関する）政府間協定をすでに結んでいる。その他インド

や東南アジアとは装備協力に関する可能性を探っている。その他多くの国々と接触している」（同前）

経済産業省の飯田陽一・航空機武器宇宙産業課長（当時）は、安倍首相の「地球儀を俯瞰《ふかん》する外交」が果たした役割を強調しています。

「欧米だけではなくオーストラリア、ＡＳＥＡＮ（東南アジア諸国連合）各国、インドなどとの間でかなり大きく議論が進んだ」。相手国から武器に関して「産業間の交流を推進したいというメッセージが出てまいります」（『月刊ＪＡＤＩ』15年3月号）。

飯田氏によれば、「わが国の優れた民生技術（ロボット、蓄電池、材料等）への海外の関心の高まり」があり、「軍事用途での利用拡大の可能性」が広がっています。「従来よりも広い範囲」の産業が参入するので、「防衛産業を定義し直し」ていく必要があると提起しています。

従来は軍需産業とみなされなかった多くの日本の産業が国内外の軍需への依存度を高めていく、と見込んでいるのです。経済軍事化の病は「平和産業」の分野にまで急速に伝染する恐れがあります。

6　世界中へ武器輸出図る

武器輸出三原則の撤廃後、安倍晋三政権が輸出を認めた武器はすでに4例あります。

1例目は、地対空誘導ミサイル「パトリオットPAC2」の目標追尾装置の部品です。安倍政権は2014年7月17日に国家安全保障会議で輸出を認めました。

部品のライセンス生産（許可料を払い他企業の技術で生産）を行っているのは三菱重工業です。新たなミサイルの開発に伴ってPAC2の部品生産を終了したライセンス元の米国企業レイセオン社が、三菱重工からの購入を要請していました。

同年5月に開かれた日米技術フォーラムでは、「日本が武器輸出市場に参入するには、これが最も手っ取り早い方法だ」（『月刊JADI』14年12月号）と論じられました。米国には「老朽化」で生産が打ち切られた「部品や資材」への「差し迫った需要」がある、というのです。

軍事大国である米国の軍需産業の下請けとして武器輸出を拡大する道です。ストックホルム国際平和研究所によれば、14年の米国の軍事支出は6100億ドル（1ドル＝120円で約73兆円）。世界全体の軍事支出の3分の1を占め、武器市場としても巨大です。

2例目は、ミサイルに搭載する目標追尾装置の技術情報です。14年7月17日の国家安全保障会議で英国への輸出を認めました。「ミサイルの誘導能力向上に関する共同研究」に日英で取り組むと表明しています。

武器輸出三原則の撤廃により、武器輸出の相手国が米国以外にも広がった事例です。

3例目は、潜水艦の技術情報です。三菱重工と川崎重工業が建造する最新鋭潜水艦「そうりゅう型」を想定しています。オーストラリアから将来の共同生産を検討したいとの打診を受け、安倍政権は15年5月18日の国家安全保障会議で検討に必要な技術情報の輸出を認めました。「機密の塊」である潜水艦の共同開発が実現すれば武器輸出の「ハードルが下がる」のではないか――。同日の記者会見で問われた中谷元・防衛相は「慎重に対処していきたい」と述べるだけで、否定しませんでした。（注7）

4例目は、弾道ミサイル防衛を担うイージス艦の装備品です。米国防総省が日本企業の参加を求め、安倍政権は7月23日の国家安全保障会議で輸出を認めました。

ミサイルなどの空の目標物を同時に多数探知し、対処するのがイージス・システムです。輸出を認めたのは、目標物の位置や個数を表示する機器のソフトウエアと部品。艦内の戦闘指揮所に設置されます。ソフトは三菱重工、部品は富士通が製造します。

米国に輸出するソフトについては、イージス・システムを共有する韓国、オーストラリア、スペイン、ノルウェーへの輸出も想定されます。

この件について安倍政権は「民生技術の活用」を通じた「わが国の防衛生産・技術基盤の維持・強化」に資する、と説明しました。民生技術を軍事に取り込んで輸出し、経済の軍事化を後押しする考えを表明したのです。

他にも多くの案件が動いています。防衛省によれば、英国とは武器の共同生産に向けた「様々な」計画を「特定し続けていく」と確認しています。フランスとは「無人システム」など「いくつかの分野」で「共通の関心を特定」しています。インドとは救難飛行艇US2の輸出に向けた「事務レベル協議」が進みます。東南アジア諸国連合（ASEAN）各国とも接触を重ねます。

〈ASEAN諸国との武器をめぐる交流〉

2014年2月　日ASEAN防衛次官級会合

4月　マレーシア、ベトナムと協議。防衛省、NEC、三菱電機、富士通が訪問。武器・技術協力に向けた意見交換と「製品の紹介を実施」

8月　シンガポール国防省の訪問を受け、武器・技術協力に向けた意見交換

9月　初めて防衛省内で武器展示会を開催。ASEAN諸国の参加者に対して模型を示して武器を紹介

10月　日ASEAN防衛次官級会合

11月　インドネシア武器展示会を防衛省が視察

その他にも、武器に関する意見交換を実施した国は7カ国以上あります（イタリア、ドイツ、ノルウェー、トルコ、イスラエル、バーレーン、スウェーデンなど）。世界中への武器輸出に乗り出しています。

（注7）Ⅰ部の注1（24ページ）の通り、日本はオーストラリアの潜水艦建造の受注に失敗しました。

7　眼前に武器50兆円市場

２０１４年の世界の武器市場は３９４０億ドル（1ドル＝１２０円で約47兆円）。17年には４２００億ドル（約50兆円）に伸びる――。日本防衛装備工業会の会誌『月刊ＪＡＤＩ』14年7月号が「世界の防衛関連市場」に関する分析を掲載しています。筆者は国際軍事情報大手ＩＨＳジェーンズのアナリスト、ポール・バートン氏。軍需産業にとって市場となる、武器の研究開発と購入のための資金を推計したものです。

バートン氏によると、世界全体で武器市場は急速に伸びています。

「アジア太平洋諸国では、２０１０年代の終わりまでは、実質年間４パーセントの伸びというふうに見ておりますし、南米諸国や中東でも、大きく伸び続けていくのではないか」

最大の市場は軍用機であり、伸び率も最も高くなっています。近年著しく伸びているのがレーダーや通信機器。無人機は１億ドル（約１２０億円）以上増えていると指摘します。

輸出を解禁された日本の軍需産業にとっては、開拓可能な巨大市場が突如、眼前に現れたことになります。

ロッキード・マーチンの顧客別売上高

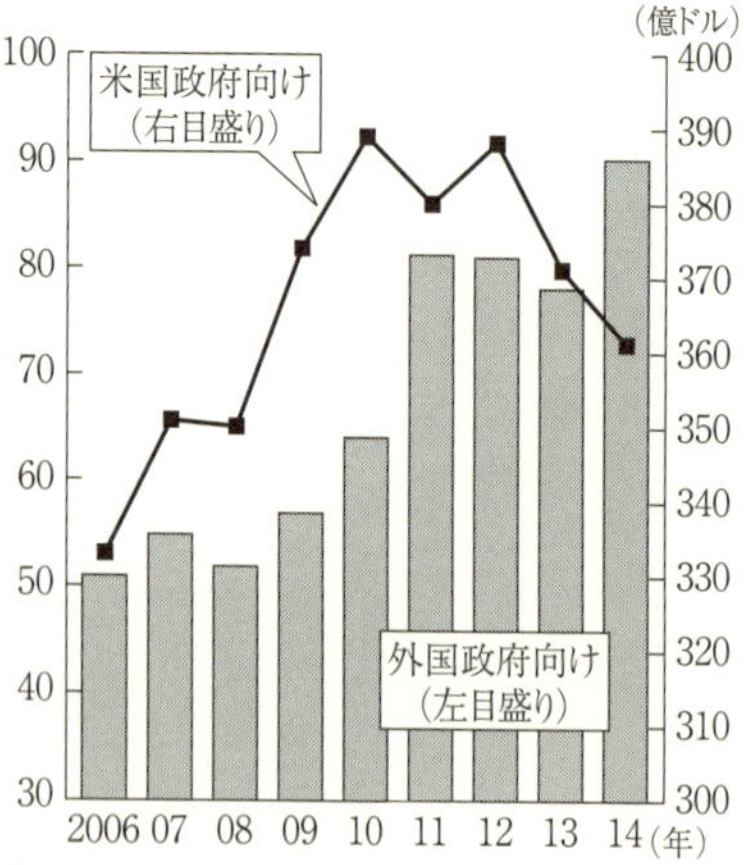

（ロッキード・マーチン「年次報告」2008～14年から作成）

実際に近年、米国の武器輸出は増加傾向にあります。米国防安全保障協力局のデータを集計すると、２０１０年の約４１０億ドル（４兆９２００億円）から、13年には約５８０億ドル（６兆９６００億円）へ、１・４倍に急増。日本の軍事費５兆１３０億円（15年度当初予算）を上回る規模に膨らみました。

主な輸出先は中東とアジア・太平洋地域です。13年にはアジア・太平洋地域への武器輸出が約２２０億ドル（2兆６４００億円）にのぼりました。

戦闘機F35製造の中心である米国企業ロッキード・マーチンも11年以降、武器輸出を急激に

増やしています。（右グラフ）

米国の軍需産業に詳しい獨協大学の西川純子名誉教授は「オバマ政権の『リバランス』戦略が米国の軍需産業のために武器市場を開拓する役割を果たした」と指摘します。

戦力のバランスを見直す「リバランス」（再配置）でオバマ政権が力点を置くのはアジア・太平洋地域です。20年までに米海軍力の60％を集中させようとしています。

この地域における米国製武器の有力な買い手は、韓国、日本、オーストラリアなど米国の軍事同盟国です。台湾、インドネシア、インド、シンガポールなども多額の武器を買っています。西川さんは、軍事的プレゼンス（存在）を強化して中国をけん制する「リバランス」の狙いが、武器輸出にも結びついていると話します。

「一方で、米国政府がいたずらに中国を刺激するのは誤りだと日本政府にくぎを刺し、中国に友好のシグナルを送り続けていることを見ておかなければなりません」

安倍政権は軍需産業の代表を引き連れてアジア・太平洋地域を訪問し、武器輸出を図っています。東京慈恵会医科大学の小沢隆一教授は「売り込みの対象になっているのは、中国の海洋進出に直面して、海洋警備や海軍の近代化になびいてしまっている国々です」と指摘します。

「この背景には、軍事的プレゼンスを強めて南シナ海の安全保障に関与することを明確にしている米国の存在があります」

他方で中国の王毅外相とケリー米国務長官は15年8月5日に会談し、「米側は、中国が交渉を通じた南シナ海問題の平和的解決を述べたことに歓迎の意を表した」(王外相)と発表。双方が平和的解決の必要性を確認しています。

小沢さんは強調します。

「お互いが武装して軍事で身構えるのは悪循環です。海洋安全保障において重要なのは、平和に安全に海域を管理していこうという合意形成です。平和憲法を持つ日本は軍事的緊張を高める武器輸出ではなく、平和的な合意形成の方向でこそ力を尽くすべきです」

8 世論が平和産業を育む

安倍晋三政権が推し進める武器輸出の相手国は米国を中心としつつ、欧州諸国やオーストラリア、アジア諸国へと広がっています。

「安倍政権の『積極的平和主義』には、日米同盟のもとで米国につき従う要素と、米国以外の国々とも軍事的な関係を強化する要素との両面が含まれています。戦争法案にも両面が表れています」

東京慈恵会医科大学の小沢隆一教授は指摘します。

「それらはビジネスチャンスとなり、大企業に収益をあげさせる経済政策『アベノミクス』とも結び付いています。武器輸出に打って出て、軍需産業を日本経済の牽引《けんいん》役にする狙いです」

同時に安倍政権は、軍需産業にとって内需となる軍事費を急増させています。一般会計の軍事費を増やすだけでなく、東日本大震災復興特別会計と補正予算という三つの財布を使って軍事費を膨張させています。

民主党政権は軍事費を抑える一方で、武器輸出三原則を緩和して国外で売るという助け舟を用意しました。安倍政権は軍需産業のために、武器輸出を全面解禁したうえ軍事費も毎年増やすという、「至れり尽くせりの利益配分」（小沢さん）を行っているのです。（注8）

軍事費の推移

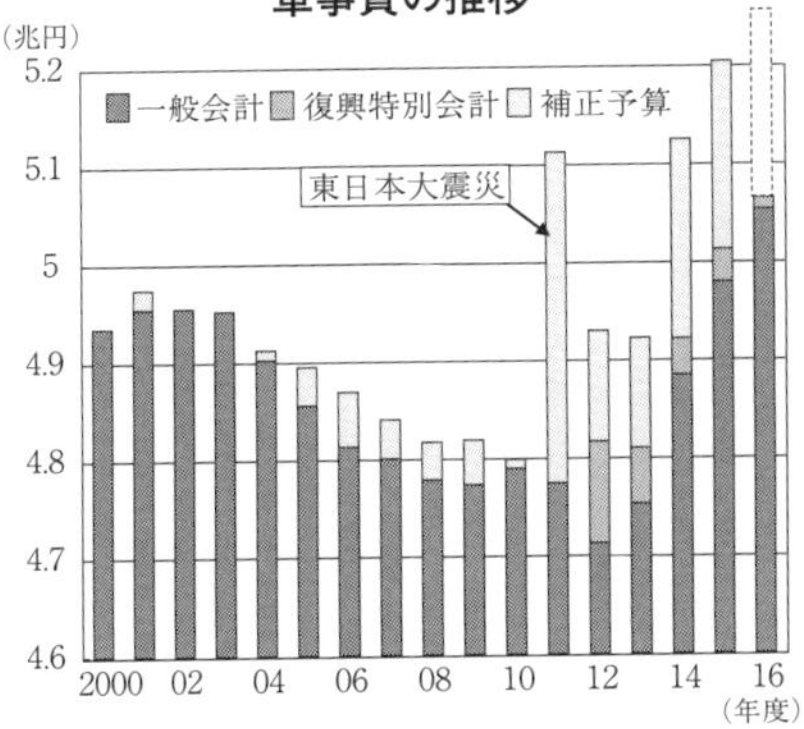

（予算に関する財務省資料から作成。16年度の補正予算は未定）

２０１６年度予算でも、５兆５４１億円の軍事費を計上しました。復興特別会計を除く軍事費の本体部分だけで初めて５兆円を超え、過去最大となりました。（上グラフ）

「戦後改革の中で財閥が解体され、軍需産業も解体されました。日本の大企業はすべて平和産業として再出発しました。この原点を、安倍政権は根底から覆そうとしています」と小沢さんは話します。

「戦前、日本の財閥は〝死の商人〟でした。日本の民衆を侵略戦争にかりたて、アジア・太平洋の民衆を殺し、自分たちはもうけました。〝死の商人〟と軍部の結託がもたらす惨禍を国民は重々知りました。だから戦後、大企業を〝死の商人〟にしないという社会的合意ができ、財閥は解体され、戦前のような強大な軍需産業は復活しなかったのです。憲法9条の存在はそういう形で絶大な意味を持っています」

情報通信産業の軍事化に詳しい大東文化大学の井上照幸教授は「産業界にとっても、一度やり始めたら簡単には降りられない危険な方向にかじを切った」と危惧します。

「高度な情報通信システムの開発には巨額の資金がかかります。価格にとらわれずに市場を確保して研究開発費を取り戻せる先端的な軍事品は、一見魅力的に映ります。しかし、顧客は主として自国か他国の政府に限られ、継続的に売り込んで契約を勝ち取らなければならない。他国企業の追い上げに対抗してますます軍事研究にのめり込むことになるでしょう。市場を拡大するのは戦争です。技術者や労働者にとって不幸なことです」

三菱重工業の長崎造船所で働いていた錦戸淑宏さんは被爆70年の節目にあたり、「社会や経済の仕組みを軍事化させるたくらみ」を告発する運動に力を注いでいます。「地球規模での日米戦争同盟」に道を開く戦争法案と、政府の機能を総動員した軍需産業の育成は、表裏一体だと指摘します。

「被爆地長崎の労働者は『食べるために人殺しの兵器をつくる』矛盾に悩み、戦争での使用を恐れています。三菱重工はかつて平和産業こそ『夢多き産業』だと表明しました。世論の力でそこに立ち返らせたい。二度と戦争せず、新たな被爆者をうまないために」

（注8）安倍晋三政権は２０１６年度予算で初めて、当初予算として５兆円を超える軍事費を計上しました。そのうえ15年には長期契約法を成立させ、憲法の財政民主主義の原則を踏みにじる兵器調達を進めています。長期契約法とは、自衛隊の艦船や航空機などの兵器調達に関して、国が債務を負う「国庫債務負担行為」の上限を財政法が定める５年間から10年間に引き延ばし、「まとめ買い」を可能にする法律です。

15年度予算では固定翼哨戒機Ｐ―１（川崎重工、20機）の３３９６億円（７年計画）、16年度予算では哨戒ヘリコプターＳＨ―60Ｋ（三菱重工、17機）の１０２６億円（６年計画）を同法に基づく長期契約で調達しています。政府は「まとめ買い」によって、それぞれ１割程度の〝コスト削減〟になるとしていますが、高額兵器を大量に購入することで、軍拡を推進することになります。

同時に、将来の予算へのツケ払いも拡大することになります。16年度予算では５兆５４１億円のうち、過去に購入した兵器の16年度支払い分は１兆８３７７億円で３分の１を超える規模です。さらに16年度予算では17年度以降に支払いが生じる新たなツケ払い（新規後年度負担）を2兆2875億円も計上しています。後年度負担の総額は4兆6537億円と1年間の軍事費に匹敵する額に達し、安倍政権発足前に比べ1・5倍近くに膨らんでいます。

長期契約法は利益確保の長期の見通しを求める軍事企業の要請です。自衛隊の兵器調達契約などについて検討する防衛省の研究会（契約制度研究会）の第1回会合（10年6月9日）には防衛産業関係団体（日本航空宇宙工業会、日本防衛装備工業会、日本造船工業会）の代表が参加し、「長期的な装備品調達計画の策定や長期契約」を検討するよう要望を述べていました。長期契約法が成立したあとの15年9月15日に経団連が発表した「防衛産業政策の実行に向けた提言」では「（長期契約法で）5年を超える長期契約を基にした複数年度一括調達が可能となったが、この適用を拡大していく」ことを求めました。

日本国憲法第83条は「国の財政を処理する権限は、国会の議決に基いて、これを行使しなければならない」とし、同86条で予算の単年度主義を定めています。数年にわたる公共事業などは例外とされますが、上限は5年です。

10年という長期契約では「選挙を通じて国の安全保障や軍事費をめぐって国民がどのような民意を示したとしても、長期契約ですから、もう契約してしまったものは債務契約を解除することは極めて困難になる」「国会の予算審議権が確保されなくなっていく」（15年3月31日、衆院安全保障委員会、日本共産党の赤嶺政賢衆院議員）ことになります。

Ⅳ部　溶け込む軍産学

1　狙われる科学情報

首都・東京の一等地、六本木に居座る麻布米軍ヘリ基地、通称ハーディバラックスの一角に、科学技術の情報収集を専門とした米国の諜報機関が集まる建物があります。同じ建物内に支局を構える米軍の準機関紙の名前から星条旗新聞ビルと呼ばれています。

入居する米陸軍国際技術センターアジア太平洋支部（ＩＴＣ―ＰＡＣ）の任務は、陸軍の装備を最高水準に維持するため「科学技術に関与している海外の企業、大学、研究所、国家軍事研究開発機構と交流を図り、将来を見越した革新的アプローチを開始すること」（日本防衛装備工業会の機関誌『月刊ＪＡＤＩ』２００４年8月号）。守備範囲はアジア太平洋からサハラ以南のアフリカまで。海外の革新的な科学技術を発掘し取り込むため、地球規模に目を光らせています。

ハーディバラックスには、同様の任務を持つ米海軍グローバルアジア研究所（ＯＮＲＧ―Ａｓｉａ）、米空軍アジア宇宙航空研究開発事務所（ＡＯＡＲＤ）も入居しています。諜報員がめぼしをつけた研究者に対し、米軍は研究資金や学術会議の開催資金を提供します。

日本有数の理工系大学として知られる東京工業大学も、米軍から資金提供を受けています。

東工大は05年、テーマが基礎研究であることと、成果が公開であることを条件に軍事研究を認める「要領」を策定。学長直属の機関である「研究戦略室」で軍事研究の可否を判断する体制を整えました。研究戦略室は08年以降、米軍からの11件の資金提供について審議しています（AOARD9件、ITC―PAC1件、ONRG―Asia1件）。

東工大職員組合の石山修書記長は、米軍から同大への研究助成は08年以前からあり詳細は不明だと証言します。研究戦略室で審議されるのも軍から直接資金が提供される案件だけで、資金提供を伴わない研究協力や、民間団体が間に入ったものは対象から外れるため、「全貌は把握できない」（石山さん）のが実態です。

日本の科学界は戦後、侵略戦争に科学者が加担した反省から、軍事研究と一線を画してきました。日本学術会議は1950年「戦争を目的とする科学の研究には、今後絶対に従わない」とする声明を発表。67年には、米陸軍極東研究開発局が日本物理学会主催の国際会議に資金援助していたことが発覚したことを機に、改めて「軍事目的のための科学研究を行わない」と決議しました。その壁が今、急速に崩されようとしています。

防衛省は科学界との結びつきを着々と強めています。06年からは大学や公的研究機関との技術交流をスタート。15年度からは、大学や企業から軍事技術のアイデアを公募する「安全保障技術研究推進制度」を開始し、9件を採択しました。予算は1件当たり最高年間3000万円

（最長3年間）です。

15年10月には、防衛装備の調達・開発を一元管理する防衛装備庁を創設しました。

「軍事転用可能な技術が国内外にどのように存在するか把握することも、任務の一つだ」。防衛省の審議会委員を務めたことがある安全保障研究者は、防衛装備庁の役割をそう指摘します。さながら日本版ハーディバラックスです。

公募制度について同氏は「理工系の機械は1台1000万円以上するものもざらにある。3000万円では、具体的な成果を求めるというより、軍事研究への呼び水という側面が強い」と指摘します。

109件の応募のうち80件を大学や公的研究機関が占めました。防衛省は、防衛装備に転用可能な技術を持つ大学や企業がどこにあるかをまとめた「技術マップ」の作成を進めています。膨大な応募書類は、そのための格好の資料になります。

東工大からも複数の研究者が応募し、持ち運び可能な超小型バイオマスガス化発電システムの研究が採用されました。本紙の取材に東工大は、研究は有機ごみや木くずからエネルギーを効率よく生み出すためのもので、「被災地等での利用を視野に入れたもの」と文書回答しました。

再生可能エネルギーによる持ち運び可能な発電システムが実現すれば、前進基地の発電に使う燃料輸送が不要になり、兵站《へいたん》の負担が大きく軽減されます。安倍晋三政権が自衛隊の活動範囲を地球規模に広げようとするなか、それを技術的に支援することを狙ったテーマ設定です。

名古屋大学名誉教授の池内了さんは、科学者には、科学者であればこそできる役割を果たし、公衆の福利に寄与するという社会的責任があると語ります。その一つが、科学や技術の使われ方について、社会に助言することだといいます。

「科学者は自らの研究テーマを発展させるためなら軍の予算でももらいたいという誘惑が常にある。科学者は自らの社会的責任を自覚すべきです」

2　かたよる科学予算

長さ20チセンほどの繊維の短冊を機械にセットし、最大10トンの負荷をかけ耐久性を調べる。短冊1体の値段が5万～10万円。データ採取に1回の試験で少なくとも5～6体は使うため、試験を3回もやると年間の研究予算が底を突く――。

長年、炭素繊維複合材料の開発に携わる神奈川工科大学の永尾陽典《ようすけ》教授は「日本の科学予算は少なすぎる。これでは技術立国にならない」と嘆きます。防衛省が15年度から開始した研究委託制度（「安全保障技術研究推進制度」）の複合材のテーマに応募し、採用されました。

「同じテーマで文部科学省の科学研究費助成事業にも応募したけど落っこちた。複合材の研究は汎用性があるし、防衛省の研究委託制度は成果が公開できる。従来の科学研究費と異なるところがないと考えた。防衛省が技術に投資してくれるのはありがたい」（永尾教授）

文科省は、国立大学への交付金や私立大学への補助割合を減らす半面、重点大学に指定した大学に予算を厚く配分するなど選別を進めています。足りない分は外部資金で賄うよう求めています。

東京大学の理工学系の研究室に勤める研究者は、「東大の場合、企業の側から資金を出すからプロジェクトに入ってほしいと持ちかけてくる。資金面の苦労は少ない」と語ります。一握りの有名大学に資金が集中する半面、それ以外の大学では研究室の維持すら困難な事態が生じています。

「研究費があれば成果が出せる。その成果を持って研究費を申請すれば、さらに予算がつくという好循環が生まれる。反対に予算がないところは成果がだせないので、申請しても当然見劣りする。予算がとれず成果も出せないという悪循環に陥る。それで、好循環に乗るのがどこかと言えば、有名大学だということになる」（永尾教授）

永尾教授が研究する炭素とプラスチックを混ぜ合わせた複合材は、軽く耐久性に優れるため航空機をはじめ輸送機全般に応用できます。現在は高価格が普及の障害になっているといいます。同時に軍用機やミサイルへの活用も進んでおり、防衛省も開発に力を入れてきた研究分野です。

「成果が発表できない研究は、していないのと同じだから、研究資金はいただきたくてもいただけない」

永尾教授は、研究成果が非公開なら応募しなかったと明言します。

基礎研究が目的の研究者と、防衛装備の開発を目指す防衛省の間に意識のずれはないのか。永尾教授は、現在は研究の進め方などについて防衛省と調整している最中だとし「防衛省も最終製品の仕事が長いせいか、かなり細かく詰めてくる。大学の研究はそういうものじゃないよと言いたいんだけど。防衛省も初めてのことなので混乱している。そのうち落ち着いてくると思うが」と語りました。

国立研究所に勤める研究者は、防衛省の研究委託制度について「いまは原則公開でも、いずれは非公開になるのではないか」と懸念します。同制度の公募要領に「成果を外部に公開する際、防衛省より、知財の取得等の観点で意見することがあります」との一文が入っていることに、本当に公開が保障されるのか疑問視する研究者もいます。

3　〝研究者の見分け方〟

東京工業大学で技術専門員として働く石山修さんは、大手カメラメーカーの製品に自分が開発にかかわった自動焦点機能が搭載されているのを見付け、初めて共同研究の相手が誰だったのかを知りました。

「あの研究は、これが目的だったのか」

２００４年に国立大学が独立行政法人に移行して以降、国立大学運営費交付金は１５００億円近く減りました。代わりに増えたのが外部資金、なかでも企業がらみの資金です。

企業との共同研究では企業秘密が前に出てくることもあります。研究に携わっているスタッフにも共同研究の相手や研究の最終目的が知らされないこともあると石山さんはいいます。基礎研究にも使える科学研究費補助金とは違い、研究内容も商品化を目指した応用研究が中心になります。

東工大では現在、学長裁量で教員の給与や研究資金、研究スペースに格差をつける「大学改革」が進んでいます。有名科学誌への論文掲載といった学術的な要素に加え、外部資金の獲得も重要な評価ポイントになっています。大きな資金を取ってくるほどポイントがつき、学内での発言力も強まります。

「取れるものなら軍事研究の資金でも取ってしまおうという思考になっている。防衛省の委託研究に東工大からは8件の申請があった」（石山さん）

国立研究開発法人に勤める研究者は、こうした傾向は東工大だけではないといいます。

「いまでは研究者の履歴書に、研究業績だけでなく外部資金の獲得実績を書き込むのが当たり前になっている。外部資金の獲得が就職にも影響する。みんな金集めに血まなこで、研究者としての倫理や平和問題について考えられなくなっている」

そうした研究者の境遇を見透かしたように、防衛省は、軍事研究に研究者を呼び込む手引書までつくっています。「先進技術推進センターの産官学協力防衛プロジェクトの取り組み」と題した文書がそれです。

「先生との『ギブ&テイク』に配慮」と書かれた項目では、防衛省として研究成果は可能な限り公開とすること、研究成果の民生転用にも努力することを、「先生」に約束するとしています。

また、防衛省と共同研究すれば「実環境でのデータを豊富に取得できる野外試験」や「『人』要素のデータを豊富に取得できる操用性試験」ができるとし、「自衛隊の得意とする試験が『垂涎《すいぜん》の魅力』」だとしています。自衛隊基地での野外試験や、自衛隊員を大量動員した試験が、研究者にとってよだれが垂れるほど魅力的だといっているのです。

一方で、「先生のモチベーションの見分け」と書かれた項目では、研究者の国家安全保障に対する関心に注意を払うよう指示しています。戦争法や秘密保護法に対する態度が、研究者を選定する際の基準になっている恐れがあります。

軍学共同に向け着々と外堀を埋める政府と防衛省。産学連携が軍産学共同へと発展すれば、企業秘密の壁に、軍事秘密の壁まで立ちはだかるようになります。

「法人化前は産学連携にも否定的な声が多かった。それがいつの間にか当たり前になったように、このままでは軍事研究もそのうち当たり前になってしまうのではないか」（石山さん）

4　スプートニクの申し子

1957年10月4日、一つのニュースが全米をパニックに陥れました。人類初の人工衛星スプートニク1号の打ち上げ成功です。

「『ソ連、人工衛星を宇宙に発射』と『ニューヨーク・タイムズ』紙は、開戦を報じるときにしか使わない、6段抜きの大見出しで派手に報じた。『衛星はアメリカの上を4回通過した』」（マシュー・ブレジンスキー著『レッドムーン・ショック』）

人工衛星の成功は、ソ連の大陸間弾道ミサイル（ＩＣＢＭ）が東西の大洋を越えて米国に到達することを意味しました。ショックから4カ月後、米国はソ連に対抗するための新たな研究機関・国防高等研究計画局（ＤＡＲＰＡ）を設立します。

スプートニク・ショックのような、戦略上、重要な技術奇襲を防ぐとともに、そのような技術奇襲を可能にする―。ＤＡＲＰＡの目的は、このときから今日まで変わりません。これまでにインターネットや全地球測位システム（ＧＰＳ）、ステルス技術の開発に関わったとされます。レジナ・デュガン元長官は、ＤＡＲＰＡが取り組む課題は「科学研究を推し進めなければ解決できない程度に困難でなければならない」と語ります（『ダイヤモンド・ハーバード・ビジネス・レビュー』14年7月号）。

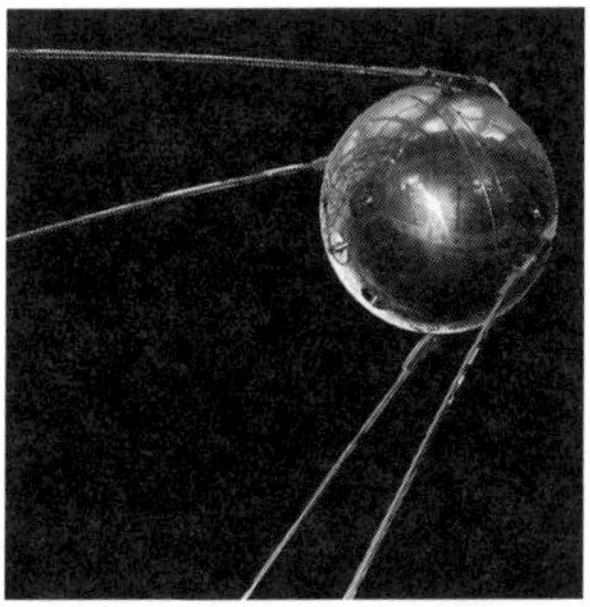

スプートニク１号。この衛星の打ち上げ成功がDARPA創設につながった（米航空宇宙局ホームページから）

２０１５年度予算は29億２０００万ドル（約３５００億円）。人員は各分野の第一級の研究者からなる任期制のプログラムマネージャー１００人と、支援スタッフの１２０人だけ。自前の研究室を持たず、企業や大学に資金を提供し、研究を進める方式です。

軍事転用可能な技術を発掘するため、定期的に技術競技会を開催するのもＤＡＲＰＡの特徴です。6月には米国カリフォルニアで災害対応ロボットの競技会を開き、日本から5チームが登録。うち4チームに東京大学が関わっていました。

東大はこれまで軍事研究を厳しく否定してきました。競技会参加は、ロボット研究の中心となっている情報理工学系研究科が14年末、同課の「科学研究ガイドライン」にあった「一切の例外なく、軍事研究を禁止」との文言を削ったこととあわせて波紋を広げています。

本紙の取材に、東大広報は、国の新エネルギー・産業技術総合開発機構から災害対応ロボットの研究委託を受ける際の必須条件に、DARPAの競技会参加が入っていたと説明します。「あくまでも災害対応ロボットの研究開発の一環として参加した」とし、大学として軍事研究禁止の姿勢は変えていないといいます。

競技会の建前が災害対応でも、参加したロボットの技術が軍事転用される可能性はなくなりません。米国の軍産学共同の象徴的存在であるDARPAが、日本の最高学府を軍事研究に誘う呼び水ともなる——。それはロボット競技会にとどまりません。

14年、内閣府にDARPAをモデルとしたプロジェクトが立ち上がりました。革新的研究開発推進プログラム、略称ImPACT（インパクト）です。予算は5年間で550億円。運用基本方針には、研究テーマは軍民両用を意味する「デュアルユース技術も含まれ得る」と書かれています。そこで何が進められているのでしょうか。

5　クモ糸が防弾装備に

米国防高等研究計画局（ＤＡＲＰＡ）は約１００人のプログラムマネージャー（ＰＭ）に幅広い裁量を与え、実現すれば軍事戦略に重要な変化を生みだすハイリスク・ハイインパクトの研究に取り組むことを特徴としています。

そのＤＡＲＰＡ方式を採用して注目を集めたのが、首相をトップとした内閣府総合科学技術・イノベーション会議のもとで14年に始まった革新的研究開発推進プログラム（ＩｍＰＡＣＴ）です。ＰＭが大きな裁量権を持つなどＤＡＲＰＡと多くの共通点を持ちます。

前身の最先端研究開発支援プログラム（ＦＩＲＳＴ）が「基礎研究から実用化を見すえた研究開発まで」を射程にしたのに対し、ＩｍＰＡＣＴは事業化・産業化を視野に入れます。１件当たりの予算は約30億円。５年の任期中、16人のＰＭがハイリスク・ハイインパクトの研究・開発に取り組みます。

総合科学技術・イノベーション会議は、「科学技術基本計画」の策定に携るなど、政府の科学技術政策に大きな影響力を持っています。有識者議員には、トヨタ自動車会長、日立製作所会長、元三菱電機常任顧問という財界人が並びます。三菱電機と日立は毎年、防衛省の受注額上位に名を連ねる軍需企業です。

「ＤＡＲＰＡ方式というと誤解があるが防衛技術に特化したものはない。日本をイノベーション（技術革新）に適した国にし、そのことを通して経済を再興するというのが制度の立て付けだ」

内閣府の担当官はそう語ります。一方、防衛省は熱い視線を注ぎます。同省が２０１４年に策定した「防衛生産・技術基盤戦略」はＩｍＰＡＣＴの名を挙げ、「研究開発の成果を活用するなど積極的に連携を推進する」と明記。ＩｍＰＡＣＴの研究成果の軍事技術への取り込みを目指しています。

経団連が15年9月に発表した「防衛産業政策の実行に向けた提言」も、防衛装備品の研究・開発体制を強化するため「ＩｍＰＡＣＴを拡充・強化する」よう求めています。

防衛省の審議会委員を務めたこともある安全保障研究者は、「経済界は、東大をはじめ大学が軍事研究にかかわらないことにいら立っている」と指摘します。ＩｍＰＡＣＴは軍事研究への呼び水かと尋ねると、「もちろん」。即答しました。

実際に防衛装備の開発に取り組むチームもあります。超高機能構造たんぱく質の開発に取り組む鈴木隆領《たかね》ＰＭは、同素材による次世代防弾装備の製品化を目指しています。すでに防衛省や警察庁への聞き取りもすませたといいます。

同プログラムは、重さあたり鋼鉄の３４０倍の強靭性を持つクモ糸を、微生物を使って工業生産するもの。直径10ミリのクモ糸で巨大な巣を張れば、離陸時のジャンボジェット機を無傷で捕獲できるといいます。

自動車のボディーや服飾など幅広い応用が可能です。合成繊維最大手の東レも強い関心を示しているといいます。基礎研究には理化学研究所や慶應大学も参加します。

「微生物にえさの糖分を与え、そこから構造たんぱく質を取り出し繊維化します。戦争の多くは資源争いから起きている。クモ糸は化石燃料と違い枯渇することもない。人類や社会に役立つ技術がテーマです」（鈴木ＰＭ）

防弾装備の開発に成功すれば、将来、クモ糸製の防弾装備で身を固めた自衛隊員が海外に派兵されることもあり得ます。開発者として技術の使い道に注意を払う必要はないのか。鈴木ＰＭに尋ねると次のように答えました。

「クモ糸が防護・防弾に使われても問題ないと認識しています。安全保障は国が決める話です」

6　ロボット研究の先に

１９９５年1月17日午前5時46分、巨大な地震が阪神・淡路地方を襲い６４００人を超える人命が失われました。現在、内閣府の革新的研究開発推進プログラム（ＩｍＰＡＣＴ）で災害対応ロボットの開発に取り組む田所諭《さとし》プログラムマネージャー（東北大学教授）は当時、神戸大学助教授として人工筋肉などの研究をしていました。

「がれきに4時間半埋もれ一時は助からないと言われた学生もいたし、火の手が迫るなか助けを求める人を残して逃げたと語る学生もいた。自分が研究してきたことがなんの役にも立たなかったことが、いまの研究の原点になっている」

当時、災害対応ロボットの研究は世界的にもほとんど例がありませんでした。「誰もやらなければ１００年たってもゼロのままだ」。田所さんは災害対応ロボットの研究に取り組む決意をします。それから16年後に起きた東京電力福島第1原発事故。田所さんが開発に携わった災害対応ロボット「クインス」が、国産ロボットとして初めて事故現場に投入され、原子炉建屋の状況を伝えました。

ＩｍＰＡＣＴでも、ロボットを自然災害や人為災害の切り札と位置づけます。現状の「ひ弱な優等生」から、極限状況で活躍する「タフで、へこたれない」ロボットへと引き上げることが目標です。

災害対応ロボットの夢が着実に歩みを進める裏で、軍事の世界でもイラク戦争を機に軍用ロボットの利用が加速度的に高まっています。２０１０年の国連報告によれば、米国の無人航空システムは２０００年から08年に50機以下から６０００機以上に増加。実戦配備された無人陸上車両も01年から07年までに１００両以下から４４００両近くに急増しています。

防衛省もロボットに注目しています。同省主催の技術シンポジウムは、昨年は千葉工業大学の「未来ロボット技術研究センター」所長を、今年は人工知能を研究する静岡大学准教授を招き、特別講演を開きました。

軍事専門誌『軍事研究』15年5月号は、ＩｍＰＡＣＴに対する防衛省の関心を取り上げています。なかでも同省が79年から研究してきた無人機について「ＴＲＣ（ＩｍＰＡＣＴのロボット研究開発の略称）を機に、そのノウハウが生かされることが期待されている」と報じました。

同省では、荷物や装備品を運ぶ多脚型ロボット、隊員の代わりに危険な任務を担うヒューマノイド型ロボットなどの開発も計画されているといいます。

田所ＰＭは、防衛省が自身の研究に注目していることは知らなかったといいます。

「わたしは軍事に対して素人なので、なにがそこで求められるのかも分からないし、そもそも大学では軍事研究は禁止だ。はっきり言って迷惑だ」

同時に、災害対応として開発されたロボットが、研究者の意図を超えて軍事転用される可能性はあり得るといいます。それはあらゆる技術に共通した問題だと語ります。

「そこは技術の問題というより、技術を使う人間の問題だ。変な使われ方をしないためには、うまく規制をかけていくこと、社会的にルール化していくことが重要なのではないか」

7　両用技術を突破口に

「優れた民間技術をいかに取り込んでいくかが最大の課題だ」

防衛装備庁の発足後初となった15年11月10、11両日の防衛技術シンポジウム。開会あいさつに立った同庁の渡辺秀明長官の結びの言葉が、そのまま同シンポの最大のキーワードとなりました。軍民両用を意味するデュアルユース技術の活用です。

特別講演した政策研究大学院大学の角南篤《すなみあつし》教授の演題は、ずばり「デュアルユース政策」。安倍晋三政権が掲げる世界で最もイノベーション（技術革新）に適した国づくりには、巨大化する研究費用とリスクを、民間と軍事で分け合う必要があるとし、そのための仕組みづくりがデュアルユース政策だと解説しました。

角南氏は、デュアルユース政策の司令塔には、首相をトップとする国家安全保障会議がつくのが望ましいとの考えを示しました。

デュアルユース政策の名で、時の政権が求める研究に大学などを動員し、そこに防衛省も深く関与していく。角南氏が描く絵は、安倍政権の戦略と完全に一致します。

安倍政権は２０１３年12月、「国家安全保障戦略」と「防衛計画の大綱」を同時に閣議決定しました。

「戦略」は、高い技術力が日本の経済力や防衛力の基盤だとし、軍民両用技術の強化に言及。「産学官の力を結集させて、安全保障分野においても有効に活用するように努めていく」としました。

「大綱」ではさらに、「大学や研究機関との連携の充実等により、防衛にも応用可能な民生技術（デュアルユース技術）の積極的な活用に努める」と踏み込みました。

翌年には、軍民両用技術を研究対象とする革新的研究開発推進プログラム（ＩｍＰＡＣＴ）が内閣府でスタートしました。

大学を縛る動きも具体化しています。

13年の「研究開発力強化法」改悪は、国立大学を含む研究開発法人に対し主務大臣が「必要な措置をとることを求めることができる」とし、研究開発法人は「その求めに応じなければならない」としました。国の安全にかかわる研究には必要な資源配分を行うことも盛り込まれました。

防衛省が14年に策定した「防衛生産・技術基盤戦略」は、研究開発力強化法に「必要な資源の配分」が入ったことを歓迎。ＩｍＰＡＣＴなど他府省のプロジェクトや、大学、研究機関との連携強化も掲げました。

名古屋大学の池内了名誉教授は、１９９０年代以降の「大学改革」が軍事研究容認の一つの素地になっているといいます。「大学改革」では、財界の圧力のもと、企業のための人材育成や大学の保有する知的財産の企業利用が求められ、財政的にも資金の外部化が進められました。

「外部資金が普通に大学に入ってくるようになり、軍から資金をもらうのも当たり前という雰囲気がつくられてきた。いま進められている軍産学共同でも、大学が着想を出し、ものになりそうだとなったら軍と企業がでてくる。そこでも中心は企業だ。企業は軍事技術だけでは本当のもうけにならないので、民生転用も狙うだろう。いずれにせよ大学は軍産の下請けになる」

デュアルユース政策で技術革新が起こるのか。池内さんは、電子レンジやインターネットなど、軍事から民生に転用された事例は多いとしつつ、「軍事研究は採算を考えずに資金が潤沢に使われる。民生技術として研究していればもっと安く開発できたはずだ」と語ります。

「軍事研究で失敗したものは闇の中だし、軍事研究は腐敗の温床にもなっている。成功事例ばかり強調するのは間違いだ」

8 〝殺人光線〟の記憶

第2次世界大戦末期のことです。当時、海軍は現在の静岡県島田市に巨大な実験所群をつくり、起死回生の新兵器「Z装置」（勢号研究）の開発を急いでいました。集められたのは当時の第一級の科学者たち。そのなかには、戦後ノーベル物理学賞を受賞する朝永振一郎《ともながしんいちろう》の姿もありました。

Z装置は、強力な電磁波を航空機のエンジンや操縦士に照射して損害を与えることを狙った兵器で〝殺人光線〟とも呼ばれていました。未完成のまま日本は敗戦。実験所は解体され、遺構は長い眠りにつきました。

2013年末、遺構の一つ牛尾実験所跡が治水目的の河川工事の対象地域に入ったことから、発掘調査の手が入り、その結果に衝撃が走りました。大井川沿いの牛尾山の中腹から幅3
1・2メートル《メートル》、奥行き16メートル《メートル》の巨大な電源室のコンクリート基礎がほぼ完全な形で出現。発振室と、殺人光線を発射するパラボラ反射鏡を支えるための2基の台座の位置も明らかになったのです。

戦中の電波兵器の研究をしている東京工業高等専門学校の河村豊教授は、それまで殺人光線について、実現不能な常軌を逸した研究だと考えてきました。「実験所跡を実際に見て、かなり本腰を入れた研究だったと分かった」

1945年2月、海軍はZ装置の成果を踏まえ、新たに「A装置」開発に着手しました。航空機めがけて打ち上げた砲弾を電磁波で起爆することで、命中率を10倍以上高めることが狙いでした。その実験を担ったのが牛尾実験所でした。

河村教授は、戦後一度は焼却されたA装置の設計図を、米軍が復元させ米国に持ち返っていたことも突き止めました。米軍が関心を寄せたことは、A装置の水準が高かったことを示していると語ります。

「B29爆撃機への対応が迫られるなか、いまから見れば無謀でも、当時の選択肢のなかでは最も成功率が高かったのではないか」

電源室の南北のコンクリート基礎は、電源室を木製のアーチ屋根で覆い、土を被せて植栽するための特異な形状をしていました。米軍に見つからないようカムフラージュ(擬装)する計画でした。屋根は建設中に崩落。現場責任者が責任をとって命を絶つ事件が起きました。

地元の郷土史を研究している臼井利之さん。当時を知る人たちから聞き取りを進めるなかで、自死した現場責任者が遠い親戚にあたることを知りました。

「牛尾実験所の建設は、現代のような重機があるわけでもなく、ほとんどが人力で昼夜をわかたぬ突貫工事。亡くなられた責任者も戦争の犠牲者だったのではないか」

実験所の近くの住民のなかには、実験が成功すれば、重要な軍事施設として米軍の標的になるのではないかと心配していた人もいたといいます。

臼井さんたちは、牛尾実験所跡の保存を求め、他の治水方法も提案しました。しかし、国は15年1月に解体工事に着工しました。

島田の近代史を調べている新間雅巳さんは、「日本が世界を相手に戦争し、超一流の科学者を集めた場所。歴史を後世に伝える場所として残してほしかった」と惜しみます。

歴史のなかに消えた殺人光線の遺構。戦中の島田で、科学者たちはどのように研究に携わっていたのか。実態を探ると、現代に通じる問題点が見えてきます。

9　自覚の無い協力者

「科学者の任務は、法則の発見で終るものでなく、それの善悪両面の影響の評価と、その結論を人々に知らせ、それをどう使うかの決定を行なうとき、判断の誤りをなからしめるところまで及ばねばならぬ」

1965年にノーベル物理学賞を受賞する朝永振一郎は、その2年前に出版した『平和時代を創造するために—科学者は訴える』（湯川秀樹、坂田昌一との共編著）で、科学がもたらす影響は科学者にしか解き明かすことができないと説き、科学者が無自覚であることに警鐘を鳴らしました。

太平洋戦争中〝殺人光線〟の研究に携わった朝永。戦後は反核運動の先頭に立ち、科学者が果たすべき役割を発信し続けました。その一方で、島田での体験を語ることは生涯ありませんでした。

2008年にノーベル物理学賞を受賞した名古屋大学の益川敏英特別教授は、朝永の戦時中の論文を読むと、表面的には軍事研究に協力する振りをしつつ、実際は核心部分をごまかしていたのではないかと推測します。ただ、「どこまで抵抗の意思を持っていたかは分からない」とも語ります。

一方、名古屋大学の池内了名誉教授のように「朝永は科学的興味に打ち込んでしまったのではないか」と見る研究者もいます。

戦中の電波兵器を研究してきた東京工業高等専門学校の河村豊教授も、その一人です。「朝永の理論的ひらめきが殺人光線の研究を前に進めたと回想する人もいる。深く自覚しないまま軍事協力してしまった戦中の体験があったからこそ、戦後は後進が同じ道を歩まぬよう努力したのではないか」

島田では当時、研究の全体を把握する一握りの総合研究者と、担当する研究テーマしか知らされない部分研究者とに科学者が分けられていました。

河村教授は、部分研究に携わった一人に手紙で質問した際、その科学者が自身の研究がどう使われたのかも知らなければ、強制的に軍事研究に動員されたという自覚も無かったことに驚いたといいます。

「海軍は、科学者には『殺人光線』という言葉も使わなかった。朝永をはじめ部分研究者の多くは、大学の指導教授に言われて島田に来た若手研究者だった。大学の延長のような気分で研究に当たっていたのではないか」

自覚がないまま軍事研究に携わったのは島田の科学者だけではありませんでした。敗戦から6年後に日本学術会議が全国の科学者にとったアンケートでは、過去十数年間で学問の自由が最も実現されていた時期として「太平洋戦争中」との回答が非常に多くだされたといいます（樫本喜一編『坂田昌一―原子力をめぐる科学者の社会的責任』）。

「日本は科学の近代化が遅れていたうえ戦争で海外から情報が入ってこなくなった。高い目標を掲げても基礎研究から始めなければいけない。軍事研究名目で予算はくるが研究の中身は基礎研究。科学者は軍事研究をしているという自覚を持たずにすんだ」（河村教授）

河村教授は、軍が科学者の扱い方を知らなかったことから〝自由〟が生じた戦中に対し、現在の防衛省は科学者の〝生態〟をよく分析していると語ります。同省による大学の基礎研究への資金提供や、政府が多用する「デュアルユース（軍民両用）技術」という言葉も、分析の成果だと指摘します。

「良心が痛まぬよう誘い入れる。そうでなくても、担当教員が防衛省から資金を受けると決めたとき、下にいる研究者が拒否できるか。戦中と同じ問題が起きてくる」

10　夢と良心のはざま

いまも根強い人気が続く、近未来の超法規警察を描いた漫画『攻殻機動隊』（士郎正宗著、1989年初出）には、さまざまな軍事兵器が登場する。蜂形の超小型ロボットは偵察だけでなく、針に仕込んだ薬を標的に注射することもできる―。

「昆虫形の羽ばたき飛行機の予備実験をしてほしい」。東京大学で技術専門員として働く板倉博さんが、所属する研究室の教授からそう依頼されたのは2004年のことでした。教授は他の研究者とグループを組み、米国防高等研究計画局（ＤＡＲＰＡ）主催のコンテストへの応募を計画していました。

当時、イラク戦争開戦から1年がたち、誰の目にも戦争の誤りが明らかになっていました。一方、高校時代の美術教師が研究していた羽ばたき飛行機に魅了されて以来、板倉さんにとって羽ばたき飛行機は憧れの研究テーマでした。自分がかかわった羽ばたき飛行機がイラクで兵器として使われるかもしれない。技術者の夢と良心の間で揺れました。

悩みながらも予備実験には最善を尽くした板倉さん。教授に実験結果を報告する際、「ＤＡＲＰＡの正式研究に決まったら、良心が痛むのでこの研究にかかわる仕事はしない」と伝えました。その後、研究室の参加計画は立ち消えになり、板倉さんは胸をなで下ろしました。

軍事利用可能な超小型の羽ばたき飛行機は、空想の世界から現実に移行しつつあります。米企業が11年に開発したハチドリ形偵察機は翼幅16センチ、重さ19グラムしかありません。飛行時間は8分間と短いものの、内蔵カメラで映像を送ることが可能です。ＤＡＲＰＡが開発を支援しました。

板倉さんが所属する研究室は、90年代にも軍事研究にかかわりそうになったことがあります。沖縄県辺野古の米軍新基地建設です。当初、新基地は埋め立て方式ではなく、鉄の箱を並べて浮かべるメガフロート（巨大人工浮島）方式が候補に挙がっていました。新基地建設にかかわって、所属研究室でメガフロートの基礎研究が提案されたのです。

板倉さんは、研究室の集まりで沖縄の基地問題に関する資料を配り、地元住民が新基地建設に反対していることを説明。軍事にかかわる研究はすべきでないと訴えました。

「結果的に研究しないことになったのでほっとした。普通は技術職員が研究テーマに口を挟むことはしないし、技術職員の言うことに重きが置かれることもない。研究をしないことになった理由は分からないけど、わたしの発言も一つの要因にはなったかもしれない」

研究室のトップが軍事研究に手を染めようとするとき、異を唱えるのは簡単ではないと、板倉さんは表情を曇らせます。

東大の教職員組合や、東京・麻布米軍ヘリ基地（ハーディバラックス）の撤去運動に長年かかわってきた板倉さん。組合や平和運動にかかわってこなかったら、そこまではっきりと意見を表明できなかったかもしれないと振り返ります。

「わたしは、ここで言わなかったら組合や平和運動の仲間から、おまえなにをやっているんだと言われてしまう。覚悟を決めて言いました」

11　平和憲法か軍事か

「昨年6月の『防衛生産・技術基盤戦略』のなかに（防衛装備の開発に）大学を巻き込むと書いたら、大変、大学の方から反対があり、文部科学省でもいろいろ荒れたけれど押し切った。今がまさに転換期だ」「（軍事研究の壁が無くなるのは）時間の問題だ。来年あたりにはしていきたい」

防衛装備庁の堀地徹防衛装備政策部長は、2015年11月末に防衛大学校（神奈川県横須賀市）で開かれた日本防衛学会研究大会でそう報告し、安全保障関係者を前に自信をのぞかせました。

同氏は、国全体の科学政策を決定する総合科学技術・イノベーション会議（CSTI）についても「今までは学術研究と軍事研究が完全に分離していた」「近いうちに防衛相を主管大臣に加えるべく取り組む」と明言。科学技術政策の立案に割って入ると宣言しました。（注9）

日本がモデルとする米国では、軍学共同は後ろめたいことではありません。東京・麻布の米空軍アジア宇宙航空研究開発事務所（AOARD）に勤務する日本人研究者に取材を申し込むと、次のような返信が米空軍第88航空基地航空団広報部から届きました。

「ＡＯＡＲＤはアジアやオーストラリアの大学や研究機関に助成金を出している」

「世界中の科学界に多大な貢献をしている」

ＡＯＡＲＤは科学技術情報専門の諜報部隊です。

名古屋大学の池内了名誉教授は、戦争放棄を掲げた平和憲法のもと、日本学術会議の決議で戦争目的の研究はしないと誓ってきた日本の科学界は、世界でも先駆的な存在だと語ります。

「平和憲法という世界に冠たる憲法を持っているのだから、日本独特の考え方があっていいはずだ。外国では普通に軍が資金を出しているという〝国際標準〟をタテにするのはおかしい」

軍事研究を拒否する流れも広がっています。新潟大学は15年10月に「科学者行動規範・科学者の行動指針」を改正。「科学者は、その社会的使命に照らし、教育研究上有意義であって、人類の福祉と文化の向上への貢献を目的とする研究を行うものとし、軍事への寄与を目的とする研究は、行わない」とうたいました。

広島大学は15年8月、15年度から始まった防衛省の委託研究制度への応募を認めない方針を決定しました。吉田総仁《ふさひと》副学長は、「平和を希求する精神」という広島大学の基本理念と、日本学術会議の決議を重視したと説明します。「原爆によって、広島大学も教職員、学生1900人以上が亡くなっている。被爆地という特別な役割を負った都市に開学した大学として、核兵器廃絶や軍縮は重要な問題として考えていかなければいけない」

14年に科学者有志が立ち上げた「軍学共同反対アピール署名の会」は現在、署名とともに寄せられた声をまとめ、各大学の学長、理事長に届ける準備をしています。

世界平和に日本はどう貢献すべきか。ノーベル物理学賞受賞者の湯川秀樹は生前、核兵器廃絶と全面軍縮後の世界では日本の平和憲法こそ「文句の無い真理になる」とし、平和時代の創造に向けた日本の役割を次のように語りました。

湯川秀樹は世界の科学者が核兵器の危険性などについて議論するパグウォッシュ会議に第1回から参加。写真はパグウォッシュ京都会議に出席し米国の医学者マーティン・カプランと握手する湯川＝1975年8月28日（名古屋大学の沢田昭二名誉教授提供）

「私たちが平和時代の創造を考える場合、人類の一員であると同時に私たちは日本人であり、日本国民であることを忘れてはいけない。この二つが両立し得るかどうかというと、幸い私たちは平和憲法を持っている。したがって両立するどころか、世界に向かって遠慮なく平和の呼びかけができるのである。私はこれを有難いことだと思っている」（『平和時代を創造するために─科学者は訴える』）

（注9）軍産学共同をめぐるその後の進展は、日本防衛学会研究大会での堀地氏の発言が、決して

個人的な思いつきによるものではないことを示しています。総合科学技術・イノベーション会議（ＣＳＴＩ）が策定し２０１６年１月に閣議決定された「第５期科学技術基本計画」は、「国家安全保障戦略を踏まえ、国家安全保障上の諸課題に対し、関係府省・産学官連携の下、適切な国際的連携体制の構築も含め必要な技術の研究開発を推進する」と明記。日米同盟の強化を掲げる「国家安全保障戦略」を研究開発の指針とするよう定めました。安倍政権は、防衛省が大学などに資金を提供する安全保障技術研究推進制度について、16年度予算で前年度の３億円から６億円に倍増。戦後、軍事研究否定を決議した日本学術会議も、「戦争を目的とした科学研究を行うべきでないとの考え方は堅持すべきだが、自衛のための研究までは否定されないと思う」と公言する大西隆会長のもと、16年６月から決議の見直しを含む検討に着手。年内に見解を発表するとしています。自民党国防部会が16年６月２日に安倍首相に提出した提言は、防衛装備庁の人員拡充などとともに、安全保障技術研究推進制度の予算を１００億円に拡大することや、ＣＳＴＩの構成員に防衛相を加えるよう要求。軍民両用技術を研究対象とする革新的研究開発推進プログラム（ＩｍＰＡＣＴ）のいっそうの推進も求めています。

Ⅴ部

岐路に立つ宇宙開発

1　むしばまれる平和利用

２０１５年12月に金星の周回軌道に入った宇宙航空研究開発機構（ＪＡＸＡ）の探査機「あかつき」の旅は、困難の連続でした。10年5月の打ち上げ後、同年12月の軌道投入時に主エンジンが故障。探査機は軌道を大きく外れました。ＪＡＸＡは本来軌道制御には使わない別のエンジンで軌道を修正し、５年越しの再挑戦で投入に成功したのです。

安倍首相は1月22日の施政方針演説で困難に立ち向かった「あかつき」の姿を自らに重ね、「未来へ挑戦する国会」を訴えました。世界が注目する日本の宇宙技術。その裏で安倍政権は宇宙の軍事化を急いでいます。

安倍晋三政権が進める宇宙の軍事利用によって、長く平和目的に限定されてきた日本の宇宙開発がいま、大きな岐路に立たされています。

15年1月に決定された「第3次宇宙基本計画」は、宇宙政策の目標の1番目に「宇宙安全保障の確保」を位置づけました。通信、情報収集などの宇宙システムを自衛隊の部隊運用に直接活用できるようにすることや、宇宙協力を通じた日米同盟の強化をうたっています。

ＪＡＸＡも変質しています。ＪＡＸＡの予算総額は統合前の旧宇宙3機関（宇宙開発事業団、航空宇宙研究所、宇宙科学研究所）の時代を含め、この20年間、２２００億円前後で大きく変化していません。内実は軍事にむしばまれています。

１９９８年に情報収集衛星（軍事スパイ衛星）の導入が閣議決定されて以来、ＪＡＸＡの第2宇宙技術部門は情報収集衛星の開発を担当。年度ごとの開発費は決算ベースで３００億～６００億円に上ります。宇宙開発の平和部分が軍事に圧迫されています。

名古屋大学の池内了名誉教授は、「あかつき」や小惑星探査機「はやぶさ」のプロジェクトを手がけるＪＡＸＡ内の宇宙科学研究所の業績が、「ＪＡＸＡ全体の軍事への関与を覆い隠す『宇宙開発の広告塔』の役割を担うようになっている」と語ります。

第3次計画には「安全保障」という言葉が61回登場。情報収集衛星の拡充など、大幅な宇宙の軍事化路線を打ち出しています。

「09年の第1次計画はさまざまなテーマを列挙しただけ。第2次計画でも安全保障はテーマの一つだった。今回は最初から最後まで安全保障だ」

際立つ軍事偏重に、ある安全保障関係者はそう戸惑いを口にします。

「自衛隊はこれまで、宇宙を使わなくても国を守れるという建前でやってきた。宇宙を利用する人員も体制も無い。計画実現には巨大な予算が必要だ」

宇宙の軍事化の背景には、地球規模で自衛隊を展開させることを目指す安倍政権の意向があります。内閣府の小宮義則宇宙戦略室長は、14年7月の集団的自衛権の行使を容認する閣議決定後、第3次計画策定を安倍首相が直接指示したと明かしています。

「9月に宇宙開発戦略本部が開かれ、そこで安倍総理から、わが国の安全保障政策を十分に反映し、かつ、産業界の『投資の予見可能性』を高め宇宙産業基盤を強化するため、10年間の長期的・具体的整備計画として新たな『宇宙基本計画』を策定せよとのご指摘をいただきました」（『時評』15年5月号）

2　民間人を殺すドローン

宇宙の軍事利用が世界に何をもたらすか。日本の軍事同盟国である米国が実例を示しています。

宇宙を利用した米国の戦争は近年、国際的な論争を呼び起こし、非難の的ともなっています。立命館大学の藤岡惇教授はそれを「新型戦争」と呼びます。

２０１４年3月11日、国連人権理事会で行われた特別報告は事実上、「新型戦争」の告発でした。米国の無人航空機（ドローン）による民間人殺害の事例が数多く指摘されたのです。（「テロ対策中の人権および基本的自由の保護に関する特別報告」）

06年10月30日、精密誘導ミサイルが神学校を爆破しました。場所はパキスタンのバジャール部族特区。ミサイルを発射したのは米国の指揮下にある無人航空機だとみられます。最大80人が即死。2人が重傷を負い、短時間のうちに病院で死にました。死者のうち69人は18歳以下の子どもであり、うち16人は13歳以下でした。目撃者によれば、犠牲者の大多数は神学校の生徒でした。戦闘と関係のない民間人だったのです。

09年6月23日、パキスタンの南ワジリスタンで営まれていた大規模な葬儀の会場を、精密誘導ミサイルが爆撃しました。攻撃したのは米国指揮下の無人機だとみられます。会葬者には反政府組織タリバンの活動家が含まれていた一方、かなりの数の民間人がいたと目撃者は証言しました。殺されたのは最大83人。10人の子どもと部族の長老4人が死にました。

11年10月31日、パキスタンの北ワジリスタンで精密誘導ミサイルが自動車と民家を爆撃し、4人を殺害しました。作戦を遂行したのは米国指揮下の無人機だとみられます。死者のうち2人はタリク・アジズとワヒード・ウラーという名の10代の若者と確認されました。攻撃を受けたのは、所属するサッカーチームのメンバーと合流するために移動している最中でした。交友関係や活動に関する調査の結果は、2人が民間人だったことを強く示しています。他の2人の犠牲者の実像は不明です。

12年7月6日、パキスタンの北ワジリスタンにあるゾウィ・シッジ村を精密誘導ミサイルが爆撃しました。米国指揮下の無人機が発射したとみられます。最初のミサイルはテントに命中し、８人を殺しました。集まっていたのは一日の仕事を終えた労働者のグループでした。直後に２度目の攻撃がありました。合計18人が死亡し、22人が負傷しました。犠牲者の交友関係や活動に関する調査の結果は、殺された全員が民間人だったことを示しています。

以上は国連人権理事会で報告された事例のごく一部にすぎません。

英国のＮＰＯ「調査報道局」は米国の無人機攻撃の回数を集計しています。対象は02年以降、パキスタン、アフガニスタン、イエメン、ソマリアで行われた攻撃です。

同団体が把握したものだけでも、無人機攻撃は最大１０２１回に及び、７５３８人が死亡しています。死者のうち、民間人は最大１３６９人、子どもは２８１人にのぼっています（16年２月９日現在）。

「米国の新型戦争は『宇宙を拠点にしたネットワーク中心型戦争』になっている」と藤岡教授は話します。

人工衛星編隊を使って戦力をネットワークでつないでいる、という意味です。一つの表れが、戦場から遠く離れた安全な施設に自国兵士を潜ませたまま、衛星を介して無人機やミサイルを操り、「標的」に選んだ人物を殺害する「ドローン戦争」です。

安倍晋三政権が15年１月９日に決定した「第３次宇宙基本計画」は、「米国の要求をそのまま書いたもの」だと藤岡教授は指摘します。
「米国の新型戦争システムを支えるために、日本の資源や技術を総動員する計画です」

3 「ゲーム機感覚」で殺害

無人航空機（ドローン）から精密誘導ミサイルを発射する米国の「ドローン戦争」が多くの民間人犠牲者を生むのはなぜか。

国連人権理事会での特別報告「標的殺害に関する研究」（２０１０年5月28日）は、無人機の軍事利用の実態を踏まえ、構造的な問題点を指摘しています。

それによれば、無人機プレデターやリーパーを使った攻撃には、米空軍が指揮する作戦と、中央情報局（ＣＩＡ）が指揮する作戦の2系統があります。

他国の領域で「標的」を殺害する「秘密政策」を米国が採用したのは、01年9月11日の同時多発テロ事件の直後でした。02年11月にはＣＩＡが実行に移し、その後、急増していきました。

ＣＩＡはバージニア州にある本部で無人機を操縦し、「政府高官によって承認された標的のリスト」に基づいて殺害を実行しています。標的を選ぶ基準は公表されておらず、ＣＩＡは標的の名前を確認するよう命じられてすらいません。標的の決定は、監視によって把握した生活パターンの評価に基づいているとみられます。

一方、米空軍はアフガニスタン戦争やイラク戦争で無人機による爆撃を行ってきました。やはり標的リストを持っており、標的への武力の使用には何ら制限を設けていません。

こうした標的殺害を行う無人機は、「一般市民の無差別な殺害を必然的に引き起こす」ため、「国際人道法で禁止された兵器にあたる」との指摘を受けています。特別報告は「無人機に関する重大な懸念」を三つの角度から掘り下げています。

まず、政策立案者や指揮官は「どんな状況のもとで誰を殺すことができるかについての法的制限を、あまりに拡張的に解釈する誘惑にかられる」ことになります。無人機を使えば、「自国の軍隊を何らリスクにさらさずに標的を殺害することが容易になる」ためです。

2番目に、無人機によって他国民を監視するチームは、「状況を正確に理解するために不可欠」な「地域の習慣に関する知識」を欠いたまま、標的を選ぶことになります。「標的がいる場所から数千マイルも離れたところに座っている」ためです。誤解に基づいて一般市民を標的に選ぶ恐れがあるということです。

3番目に、「標的殺害」を実行する無人機の操縦者は「プレイステーション感覚での殺害に染まっていく」危険性があります。あたかもソニーのテレビゲーム機プレイステーションを扱うような感覚で、殺人を犯しかねないというのです。操縦者は「戦場から数千マイルも離れた基地」の中で、「戦闘のリスクや過酷さにさらされることがない」まま、「コンピュータの画面だけをみて作戦を実行する」ためです。

実際、米軍が標的として無人機攻撃で殺害した人の9割が別人だった、という衝撃の統計資料が明るみに出ています。米国のインターネット・メディア「インターセプト」が米軍の機密文書として15年10月15日に公開したもの。12～13年にアフガニスタンで無人機攻撃によって殺害した２１９人のうち、意図した標的はわずか35人だったといいます。

米軍三沢基地の無人偵察機グローバルホーク

同メディアは情報提供者の次のような言葉を紹介しています。

「無人機攻撃は標的以外の人も殺す。狙われるべき人たちだとは限らないのに…。とんでもないギャンブルだ」

米国が一方的に標的と決めつけた人だけでなく、標的にすらなっていない人びとを殺す、無差別殺害という悲劇をもたらすのが無人機攻撃なのです。

4　米国の戦争体制を支援

無人機を利用した米国の「標的殺害」に対しては、現役の自衛官からさえ、疑問の声が上がってきました。

矢野哲也2等陸佐・陸上自衛隊第3師団司令部法務官（当時）は論文（「米国の無人機による新たな軍事行動について」）で次のように指摘しました。

「標的とされたタリバン指導者が、多くの現地住民の集まる葬式会場に姿を現すことがあったという不確かな情報だけで、その場にミサイルを撃ち込むという行為が、イスラムの神聖な宗教儀式を破壊し、現地住民の反感を煽《あお》るだけでなく、親米国家とされてきたパキスタンを反米勢力の側に追いやりかねない重大な結果をもたらすことは自明の理」

「今や無人機の使用が紛争を終結させる手段ではなく、新たな紛争を引き起こす原因となっていると言われても仕方がない」（2012年10月『防衛研究所紀要15巻』）

論文によれば、無人機による標的殺害を導入したのは米国のジョージ・ブッシュ政権ですが、それを急増させたのはオバマ政権でした。「国防予算の削減を見越した戦争の低燃費化」が最大の動機でした。

ブッシュ政権は04～09年にパキスタン領内で44回の無人機攻撃を承認し、40日に1回の割合で実行しました。オバマ政権に代わると2年以内に、4日に1回の割合で無人機攻撃が行われるようになったといいます。

論文は、「武装無人機」が有人戦闘機に代わって「飛行禁止空域の監視という第一線任務」を担うに至っており、「今後あらゆる武力紛争において無人機による戦闘様相が常態化する」見通しだと指摘。「今後も米国が対テロ戦争を継続していくことは、本来その終着点となるべきはずの標的殺害が、いつのまにか対テロ戦争を継続するための新たな出発点となってしまう悪循環をもたらしかねない」との警告で締めくくっています。懸念はいまや、テロと戦争の連鎖として現実化しています。

立命館大学の藤岡惇教授は「戦争の泥沼化から導き出せる本当の教訓は、アフガニスタン戦争やイラク戦争をそもそも行うべきでなかったということです」と話します。「しかしオバマ政権は根本的な方向を変えず、戦争の手法を見直しただけでした。進めてきたのは、アフガンとイラク自身に戦争を肩代わりさせつつ、従順な同盟国にコストを分担させる政策です」

安倍政権は、宇宙を利用した米国の戦争システムを政治・経済・軍事の全側面から支援する道を突き進んでいます。

象徴的なのは、14年3月28日に国際連合人権理事会が採択した決議に、米国と日本がそろって反対したことです。決議は「武装無人機の使用によって生じる民間人の犠牲に強い懸念を表明」し、国際法の順守や公平な調査を求めるものでした。

安倍政権が15年1月9日に決定した「第3次宇宙基本計画」は、「日米同盟強化に向けた取り組みの一環として、安全保障面での日米宇宙協力を強化していく必要がある」と強調しました。

同計画は、GPS（全地球測位システム）をはじめとする宇宙システムについて、「米国の抑止力の発揮のために極めて重要な機能」を果たしていると手放しで礼賛しました。そのうえで、「米国との衛星機能の連携強化などによりアジア太平洋地域における米国の抑止力を支える」方針を掲げました。

真っ先にあげた具体策は「我が国の準天頂衛星と米国のGPSとの連携を一層強化する」ことです。

全世界の位置を測定するGPS衛星こそは、無人機やミサイルの遠隔操作にも欠かせない、宇宙システムの要です。「新たな紛争を引き起こす原因」と批判される米国の戦争システムを「支える」ことが、安倍政権の宇宙政策の中心課題に据えられているのです。

5　訪米し要望を聞き取り

安倍晋三政権の宇宙基本計画（2015年1月9日）がいかに米国の望みにかなっているか。政策立案の中心にいる人物が証言しています。

12年から内閣府の宇宙政策委員会で委員長を務める葛西敬之《よしゆき》JR東海名誉会長です。宇宙政策委員会は、首相の諮問に応じて「宇宙開発利用に関する重要事項」を「調査審議する」機関です。審議内容は宇宙基本計画に反映されています。

葛西氏は、今後の宇宙政策の「最重要事項」は、「衛星測位、すなわち日本版GPS（全地球測位システム）をつくること」だと強調。その「背景」を赤裸々に告白しました。

「（日本の安全保障には）米国の協力が不可欠であり、協力を得るためには米国が最も望む内容を把握する必要があります。そこで私自身、昨年9月に米国に赴き実際に関係者と意見交換したところ、中国が米国のGPS機能を破壊しようとする可能性がある、したがって日本がそのバックアップ機能を保有してくれることがたいへん重要であるとの意向でした。すなわち、日本版GPSである準天頂衛星の充実・強化です」（月刊誌『時評』15年6月号）

米国の「意向」が判明した結果、「以降、準天頂衛星の7機体制を早急に具体化していくことが必須となりました」と、政策決定に至る因果関係を明快に論じました。

ＧＰＳは全世界の位置を測定する測位システムです。予備機を含めて約30機の人工衛星を運用しています。

他方、準天頂衛星は地域的な測位システムです。日本のほぼ天頂（真上）を通る軌道を持つ人工衛星を複数機組み合わせるのが特徴です。測位信号を出してＧＰＳと同様の機能を発揮するとともに、ＧＰＳの誤差を補正することができます。宇宙航空研究開発機構（ＪＡＸＡ）は、ＧＰＳの誤差を数十《メートル》から１《メートル》程度へ、さらには数《センチ》程度へ縮める目標を示しています。

衛星測位には準天頂衛星が４機以上必要ですが、現在は初号機「みちびき」だけを運用している段階です。安倍政権は宇宙基本計画で、17年度に４機体制へ、23年度に７機体制へ拡充する工程表を示しました。

準天頂衛星の軌道は南北に大きく8の字を描くため、7機そろった場合、オーストラリアのほぼ全域で日本と同様の精度での測位が可能になります。中国と東南アジアも広範囲でカバーします。米国が重視するアジア太平洋地域で、ＧＰＳを補完・補強することになるのです。

前述のインタビューで、葛西氏は「この宇宙基本計画の内容については米国も非常に高く評価してくれました」と語っています。「日本の宇宙政策が安全保障を機軸としている点が明確化されたのは非常に喜ばしいとのことでした」

とりわけ、準天頂衛星を充実する意義を強調しています。

「宇宙から衛星で正確な位置を測定すること、これに高度情報通信を組み合わせることで、たとえば効率的な部隊の運用が可能となり、安全保障体制が大きく向上します」

「衛星測位に関する日米の協力体制、相互依存体制をどう構築していくかが、これからの宇宙政策の大きな課題となるでしょう」

米国の意向に沿い、米国の戦争システムを支える目的で、宇宙基本計画が策定されたことは明白です。葛西氏がしめくくりに述べた言葉は、安倍政権の宇宙政策の本質を言い表すものでした。

「日米協力体制の構築に寄与するということが、まさにこの宇宙基本計画の真価なのです」

6　軍需産業が乗っ取った

「設備増強計画を立て始めた企業もあります」

安倍政権の宇宙基本計画（２０１５年１月）で、日本の産業界がいかに活気付いたか。内閣府宇宙戦略室の小宮義則室長は熱を込めて話します。

「すごいよ、これは。政府の衛星がいつ何発上がるか見えたので、設備や技術開発や人に投資できるようになったと聞いています」

宇宙基本計画は「今後20年程度を見据えた10年間の長期整備計画」です。前回計画（13年1月）が10年先を視野に入れた5年計画だったのに対し、期間を2倍に延ばしたのです。理由は「産業界の投資の『予見可能性』を高め、産業基盤を強化するため」です。

しかも「宇宙産業基盤」の「強化」が「喫緊の課題」である理由として、「我が国の安全保障上の宇宙の重要性が著しく増大している」ことをあげました。軍需産業の強化をめざす思惑があらわです。

さらには、「我が国の宇宙機器産業の事業規模として10年間で官民合わせて累計5兆円」をめざすと強調。前回計画時に宇宙関係予算が毎年度約3000億円の「横ばいで推移」していたのに対し、民需を含めて年平均5000億円規模へと拡大する目標を掲げました。

宇宙政策の進展は「安倍首相のイニシアチブ（主導権）による部分が大きい」。小宮氏は実感を語ります。

具体的なプロジェクトにも宇宙軍拡を進める姿勢がはっきりと現れています。宇宙基本計画の工程表に掲げられた次の九つのプロジェクトのうち、八つまでもが軍事に関わる内容なのです。

〈宇宙基本計画工程表のプロジェクト〉

①衛星測位＝準天頂衛星の７機体制整備
②衛星リモートセンシング＝軍事スパイ衛星の増強
③衛星通信・衛星放送＝Ｘバンド衛星通信の軍事利用
④宇宙輸送システム＝既存ロケットの軍事利用や新型ロケット開発
⑤宇宙状況把握＝米軍との連携に向けた体制構築
⑥海洋状況把握＝米国との連携を含め検討
⑦早期警戒機能＝ミサイル防衛のための衛星開発を検討
⑧宇宙システム全体の抗たん性強化＝敵の攻撃に耐える能力強化
⑨宇宙科学・探査および有人宇宙活動

安倍政権は15年12月８日に工程表を改定し、「宇宙協力を通じた日米同盟等の強化」などの目的を明記しました。

「宇宙は軍事に乗っ取られたといっても過言ではありません」

名古屋大学の池内了名誉教授は日本の宇宙開発の歴史を振り返って警鐘を鳴らします。

人工衛星やロケット開発を行う目的で科学技術庁に宇宙開発推進本部がつくられたのは１９６４年です。米国の技術供与を受けてロケット開発を行うために宇宙開発事業団（ＮＡＳＤＡ）が発足したのは69年でした。

宇宙開発事業団法の第1条は「平和の目的に限り」宇宙を利用すると明記していました。同年5月9日、衆院本会議も「平和の目的に限り」宇宙を利用すると決議。審議の中で政府は、「平和」とは「非軍事という解釈」だと答弁しました。「防衛目的」を掲げても平和利用原則に抵触することを確認したのです。

ところが政府は85年、米国の軍事スパイ衛星の情報を海上自衛隊が利用することを、〝一般的に利用される衛星と同様の機能の衛星だから〟という統一見解で合理化しました。2003年には同じ理屈で日本初の軍事スパイ衛星（情報収集衛星）を打ち上げました。

「宇宙の平和利用」の精神を葬り去った決定打は、宇宙基本法の制定（08年）でした。宇宙開発利用の目的として「我が国の安全保障に資する」ことを盛り込んだのです。さらにJAXA（宇宙航空研究開発機構＝NASDAの後継法人）法の改定（12年）では、「平和の目的に限り」業務を行うという規定が削除されました。

池内名誉教授は話します。

「『防衛目的』といえばどんな兵器でも持てるようになり、軍事衛星が次々に開発・生産されてきました。特に安倍政権は露骨です。内閣府を司令塔とし、JAXAを下請け機関として、トップダウンで宇宙の軍事利用を進めています。政治的には日米安全保障のため、経済的には軍需産業援助のためです」

7　働きかけたのは経団連

安倍政権が定めた長期的な宇宙基本計画に、軍需産業界は色めき立ちました。三菱電機の下村節宏相談役（経団連宇宙開発利用推進委員長）は、すかさず賛辞を送りました。

「宇宙産業基盤の強化にもつながるものとして評価できる」（月刊『経団連』２０１５年１月号）

軍事スパイ衛星（情報収集衛星）や準天頂衛星を製造する三菱電機は、宇宙分野の中核的な軍需企業です。

下村氏は、今後10年間の宇宙事業規模を「累計5兆円」に引き上げるという安倍政権の長期計画を高く評価しました。「重要課題」の「第二」に「安全保障の強化」をあげ、「米国との宇宙協力を推進すべきである」と迫りました。

「経団連では今後とも、わが国の宇宙開発利用の推進に向けた方策を実現するため、関係各方面と連携して働きかけを行っていく」

実際、宇宙の平和利用原則を覆して軍事利用を進めるよう働きかけ、実現させてきたのは経団連でした。

バブル崩壊後の1998年に出した提言で経団連は「わが国の宇宙開発はこれまでのところ比較的順調に進展」していると胸を張り、宇宙で将来の利益を確保する戦略を打ち出しました。

「経済が低迷しているこの時期にこそ、将来への布石として技術および新産業を創出する基盤となる宇宙開発を一層推進すべきである」（7月7日「わが国の宇宙開発・利用および産業化の推進を望む」）

2001年には「準天頂衛星システムの開発着手」を提言し、「関係方面に積極的な働き掛け」を展開しました。「その結果、政府において、関連省庁・公的研究機関・産業界からなる協議会が設置され」たといいます（02年7月「『準天頂衛星システム推進検討会』の新設について」）。

ところが05年、一転して苦境を訴えます。

「予算の削減により、宇宙産業は危機的状況」

「競争力の低下が憂慮される事態」（3月2日「第3期科学技術基本計画に対する要望」）

この中で前面に押し出したのが、軍事の分野でした。宇宙技術は「総合的な安全保障を確立するためにも必須の技術」だと強調し、「国の取り組みを抜本的に強化すべきである」と迫ったのです。

06年には憲法に基づく平和利用原則を激しく攻撃しました。「安全保障への活用」の「障害の一つとなっているのが、わが国の宇宙利用を『非軍事』に限定した1969年の宇宙の平和利用に関する国会決議である」（6月20日「わが国の宇宙開発利用推進に向けた提言」）。

この障害を打破するためには「『宇宙基本法』の策定が必要である」と、新たな法律の制定まで求めました。

07年にはさらに踏み込み、「宇宙基本法に期待される最重要課題」（7月17日「宇宙新時代の幕開けと宇宙産業の国際競争力強化を目指して」）をあげました。「第一」は宇宙政策の「一元的な実施体制」の構築。「第二」は「宇宙開発のあり方を規定している国会決議の見直し」です。

こうした働きかけを受けて08年、「安全保障に資する」目的を掲げた宇宙基本法が制定されたのです。

09年以降、経団連提言の重点は軍事利用の具体策に移ります。弾道ミサイルの発射を探知する早期警戒衛星を「開発・整備することを明確にすべきである」。準天頂衛星については「将来の7機体制の構築の実現を明確にすべきである」（5月18日「宇宙基本計画に関する意見」）といった具合です。

14年には「政府の長期的かつ具体的な宇宙開発利用の工程表がなく、産業界が投資の予見可能性を高められないことが大きな問題」（11月18日「宇宙基本計画に向けた提言」）だと注文を付けました。

「投資の予見可能性」に配慮した安倍政権の長期的な宇宙基本計画は、経団連の言葉遣いまで引き写し、軍需産業界の欲望に気前よく応えたものなのです。

8　米が阻んだ平和的発展

日本の人工衛星の平和的な発展は米国の圧力のもとで抑えつけられてきました。

威力を発揮したのは、米国が１９８８年に定めた包括通商法スーパー３０１条でした。他国に〝不公正貿易国〟のレッテルをはり、関税の大幅引き上げなどの制裁措置をとれるようにしたもの。自国の経済的要求を押し通すための条項です。

このスーパー３０１条の対象に日本政府の実用衛星を含めるよう米国が主張し、90年に合意したのです。「日米衛星調達合意」と呼ばれます。政府関連の実用衛星は国際競争入札で調達することが義務付けられました。

実用衛星は通信、放送、気象観測などを目的とした衛星です。未成熟な日本の宇宙産業は米国企業に勝つのが困難だったため、実用衛星の受注から長期にわたって締め出される結果となりました。経団連は07年の提言で振り返っています。

「（日米衛星調達合意の）締結以降、放送、通信、気象などの非研究開発衛星はほとんど米国企業が受注する結果となり、成長途上にあったわが国の宇宙産業は大打撃を受けた」（07年7月17日「宇宙新時代の幕開けと宇宙産業の国際競争力強化を目指して」）

日本の宇宙産業界にとって活路となったのが、軍事の分野でした。「安全保障」目的の衛星であれば、国際競争入札の適用除外とされるからです。実際に03年から累計12機打ち上げられた軍事スパイ衛星（情報収集衛星）はすべて、米国企業ではなく日本の三菱電機が受注しました。情報収集衛星への政府支出は、開発費や地上施設整備費を含め、14年度までで合計1兆円を超えています。

議員立法での宇宙基本法制定を主導した自民党の河村建夫衆院議員は12年、ＪＡＸＡ（宇宙航空研究開発機構）法改定の審議の際、軍事衛星なら日本企業が受注できることを政府に念押ししました。

「安全保障および公共の安全のために必要となる衛星はＷＴＯ（世界貿易機関）ルールに従って国際調達の適用除外とする。このような認識でよいか」

政府答弁は「委員の認識の通り」というものでした（12年6月14日、衆院内閣委員会）。

そこで河村氏が「急ぐ必要がある」と強調したのは、軍事に使える準天頂衛星の整備でした。「アメリカが世界に展開しているGPS（全地球測位システム）の、アジア、オセアニア地域を日本が補完する重要な役割も持つ」と迫ったのです。

加えて、JAXA法改定で「防衛省関連の業務をJAXAが行うことができる」ようになるので、「安全保障分野における宇宙政策を内閣府と密接に連携して積極的に進めていくべきだ」とも主張。「宇宙産業の振興」に「軸を移して（JAXAの）事業を進める方針が必要」だと述べました。

実用衛星の受注に困難がつきまとう中、米国が望む軍事衛星の製造に邁進《まいしん》し、JAXAの事業を軍需産業育成の目的に従属させる思惑が現れています。

15年1月9日に安倍政権が決定した宇宙基本計画も、同じ路線に沿うものでした。

このとき、三菱電機の下村節宏相談役は「政府の推進体制の強化」を求めました。安倍首相を本部長とする宇宙開発戦略本部の「司令塔機能の発揮」により、「JAXAは、防衛省との連携強化による安全保障分野の宇宙利用の推進や、産業振興に向けた技術的支援を行うべきである」（月刊『経団連』15年1月号）というのです。

具体的に要求したのも軍事分野の大幅な増強でした。▽情報収集衛星を4機体制から10機体制に強化する▽弾道ミサイルの発射を探知する早期警戒システムを整備する▽光学センサーやレーダーを利用する宇宙状況監視システムや海洋状況把握システムを構築する▽準天頂衛星の

7機体制を20年代初頭に実現する―ことです。
軍事依存にどっぷりはまり込み、JAXAをも軍事偏重の道連れにして、宇宙産業界は事業「強化」を成し遂げようとしています。

9 次の〝真珠湾〟恐れる米

米国の人工衛星編隊は「天空の基地」として「戦争の神経系統」の役割を果たしていると、立命館大学の藤岡惇教授は話します。

軍事スパイ衛星や通信衛星、GPS（全地球測位システム）衛星を利用すれば、地球上のあらゆる場所への接触が可能です。航空機では不可能な他国領域の偵察、遠隔地からの情報通信、兵器の誘導も行えます。宇宙の支配が陸・海・空の軍事作戦での優位を支えるという構造です。

「米国の戦争はドローン（無人機）戦争の段階に至り、人工衛星が殺人システムになる『半宇宙戦争』という性格をいよいよ強めました。宇宙の軍事利用に歯止めをかけなければ、宇宙そのものが戦場になる本格的な宇宙戦争の危険性が高まりかねません」

2001年に発足した米国のブッシュ政権は、国家宇宙政策（06年8月）で「宇宙能力は国益にとって死活的」だと宣言しました。「米国の国家安全保障は宇宙での活動能力に決定的に依存しており、この依存は今後増大する」との認識を示したのです。米国の優位を保つため、「敵対勢力に宇宙での行動の自由を与えない能力、計画、選択肢をつくりあげる」任務を掲げました。

宇宙システムは、攻撃に対しては極めてぜい弱です。ブッシュ政権下で06年まで国防長官を務めたラムズフェルド氏が中心になって策定した報告書は、こう強調しました。

「米国は〝宇宙の真珠湾〟の魅力的な候補になっている」（01年1月「米国の安全保障のために宇宙の管理と組織のあり方を評価する委員会報告書」）

敵襲にもろい「宇宙資産」は、真珠湾攻撃のような奇襲に見舞われる恐れがあるというのです。そこで報告書は「宇宙資産」を防衛する体制の構築を喫緊の課題にあげました。宇宙空間に防衛・攻撃用の兵器を配備することにまで言及しました。

オバマ政権の国家宇宙政策（10年6月）も「宇宙における米国のリーダーシップの強化」を方針としてきました。宇宙システムへの攻撃を「抑止し、防御し、必要に応じて無効化する技術の開発」を推進しています。

「近未来の宇宙戦争を想定し、衛星が攻撃されても活動がストップしない能力を確保するのが米国の戦略なのです」と、藤岡教授は指摘します。

「重大なのは、安倍政権が米国に従って『宇宙戦争仕様』を備えることを政策目標に据えたことです」

防衛省が14年8月に策定した「宇宙開発利用に関する基本方針」は、「人工衛星システムが、価値の高い攻撃目標として認識される可能性がある」と主張しました。「対衛星兵器などの宇宙物体の精確な動きを把握する宇宙監視機能を新たに保持する」方針を打ち出し、「必要なセンサーや解析システム」を整備する目標を掲げました。

対衛星兵器が使われる事態。まさに宇宙戦争を想定しているのです。衛星への攻撃で「宇宙利用が阻害されるような状況」を見越して、「代替衛星としても利用し得る即応型小型衛星」の研究を進めることまで決めました。

藤岡教授は「あくまでも力で相手を抑え込む、という19世紀の軍事思想にとらわれている」と批判します。

宇宙の「防御」に頭を抱えるのは、軍事的な優位性を保つために宇宙の利用を進めるほど、アキレス腱である衛星が狙われやすくなるからです。米国では、衛星軌道の近くで核爆発を起こされれば、大多数の衛星に障害が生じるとの研究も行われてきました。

「GPS衛星は生活に不可欠のインフラともなっており、機能が停止すれば文明が破壊されます。自分でつくりだした技術が自分に跳ね返ってくるのが戦争です。技術が高度化した現代において、戦争で紛争を解決するというのは完全に時代遅れで危険な考え方になっているのです」

10　軍産複合体の自己運動

「日米宇宙協力の新しい時代の到来」

安倍政権の宇宙基本計画（２０１５年1月）はこう強調しました。

日本の宇宙政策を米国の軍事戦略の下に組み込む大転換を、国民に向かって宣言したのです。

同計画によれば、日米間で「新時代の到来」を確認したのは14年5月に開催された「日米両国政府の事務レベル協議において」でした。その直後、14年8月に防衛省が発表した「宇宙開発利用に関する基本方針」には、宇宙の軍事化政策が勢ぞろいしました。

自衛隊の任務の遂行のために、「地球上のあらゆる地域へのアクセスが可能な人工衛星の特性を活《い》かした宇宙空間の利用」を進めるというのです。利用方法は四つです。

一つ目は「人工衛星を用いた情報収集」です。「航空機や艦船などではアクセス困難な他国領域における軍事動向などの偵察」が可能だと説明し、他国の領域を盗み見る狙いをあけすけに示しました。

二つ目は衛星通信や衛星測位を利用した「地球上における活動の指揮統制・情報通信」です。日本が準天頂衛星を整備すれば、「日米協力の強化」など「安全保障に資する」と強調。国民生活の利便性向上を宣伝して開発してきた準天頂衛星を軍事利用し、米軍にも使わせる意図を明確化しました。すでに、新たな衛星3機の製造は三菱電機が502億円で受注しています。

また、整備を進めている初の防衛省保有の通信衛星について、16〜17年に運用を始める計画も示しました。通信衛星2機を製造するのはNEC。地上施設の管理はNTTコミュニケーションズ、事業全般の管理はスカパーJSATが担います。契約金額は13年から31年までで1220億円にのぼります。

三つ目は「宇宙空間での弾道ミサイル攻撃への対応」です。ミサイルを探知する赤外線センサーを「先進光学衛星」に載せ、「宇宙空間での実証研究」を行います。弾道ミサイルの報復を受ける心配なく先制攻撃を行うために、米国が開発してきたミサイル防衛システムの一環です。同センサーの研究開発は防衛省が宇宙航空研究開発機構（JAXA）と協力して進めており、15年度に48億円の予算を計上しました。

四つ目は「宇宙空間の安定確保」です。軍事衛星が「対衛星兵器」で攻撃される〝宇宙戦争〟を想定し、対応策を並べました。

こうした軍拡の必要性を導き出すために防衛省が使う枕ことばはいつも同じです。「わが国を取り巻く安全保障環境が一層厳しさを増す中」というものです。

「軍事のための宇宙開発」を批判する名古屋大学の池内了名誉教授は、「戦争の危機をあおる勢力」への注意を呼びかけます。

「軍産複合体が自由と民主主義に危険をもたらしていると警告したのは米国のアイゼンハワー大統領でした。国の予算を軍事に回すため、軍産複合体は安全への恐怖をあおって世論や議会を誘導してきました」

軍需産業の発展によって軍事力を増す軍隊。軍需によって利益を得る軍需産業。両者を優遇する政府機関。3者が持ちつ持たれつの関係で結びついたのが軍産複合体です。

「平和になれば軍事費が削減され、軍産複合体は立ち行かなくなります。常に戦争を求めて自己運動を続ける存在なのです」

池内名誉教授は、宇宙の軍事利用や武器の輸出が解禁されたことにより、日本でも軍産複合体が成長し始めていると警告します。

「これらの政策自体、産軍官の結託によって進められました。軍事費の増額や武器輸出で軍需産業は大きな利益を得ます。官僚は天下りで軍需産業に雇用されます。政治家は軍需産業から献金を受けます。そして官僚と政治家が軍拡を進める、という循環が成立する危険があります」

11　星空守る研究者・市民

日本の宇宙技術は30年前にも米国から狙われたことがあります。レーガン大統領が１９８３年に打ち出した「戦略防衛構想」（ＳＤＩ構想）への動員です。

宇宙に迎撃兵器を配備し、敵国が発射した核ミサイルを撃ち落とす――。「スターウォーズ計画」と呼ばれた同構想は、核の戦場を宇宙空間まで広げるものでした。

長野県の東京大学東京天文台（現・国立天文台）野辺山宇宙電波観測所に86年、１通の研究会の案内が届きます。案内状には研究会のスポンサーとして米航空宇宙局（ＮＡＳＡ）と並んで米国防総省ＳＤＩ局の名前が書かれていました。

野辺山には82年にミリ波観測で世界最大となる45メートルの電波望遠鏡が完成。原始星をとりまく回転ガス円盤や新星間分子の発見など、画期的な成果を次々とあげていました。それが米軍の目にとまったのです。

研究会のテーマは波長が１ミリ以下の電波（サブミリ波）を観測する受信機の開発でした。サブミリ波による観測が実現すれば、観測精度を高めることができます。同時に、SDIが必要とする敵国のミサイル発射検出にも有効な技術でした。

対応をめぐり天文台で熱い討論が繰り返されました。そのなかから87年、「SDIに反対する天文学研究者の会」が発足しました。事務局を務めた国立天文台の御子柴《みこしば》廣《ひろし》研究技師は振り返ります。

「サブミリ波は魅力的な研究テーマだったが、一度でも軍と関係を持てばどんどん深みにはまっていく。何度も議論し危険性を伝えていこうとなった」

主に日本天文学会会員の研究者を対象としたSDI反対署名には4カ月で510人が署名しました。当時の同学会の特別会員（主に研究者）数は604人。日本の天文学者の約8割が賛同したのです。88年の東京天文台から国立天文台への改組の際には、「国立天文台職員の私たちは、一切の軍事研究に協力してはなりません」との声明が有志によって発表され、職員156人が賛同しました。

研究者の運動に市民が応えます。同年、天文愛好家らが市民向けにSDI反対署名を開始。署名用紙の背景には銀河の写真を配し、すい星発見者として世界的に知られた本田実氏（1913～90年）はじめ著名アマチュア天文家の顔写真が並びました。天文ファンに共感が広がり、最終的に約1万2000人分が国連へ送られました。

「天文学者を孤立させてはいけないという思いだった。署名には国内の名だたる望遠鏡メーカーの社長の名前もずらりと並んだ」

当時、運動の中心となった「岡山☆星空を愛する会」の大野智久さん（67）は、反響の大きさを語ります。

93年、国立天文台野辺山宇宙電波観測所は「観測装置共同利用における軍事研究排除の方針」を決定します。研究者と市民の共同が、国立天文台を組織として軍事研究禁止をうたうところまで進めたのです。

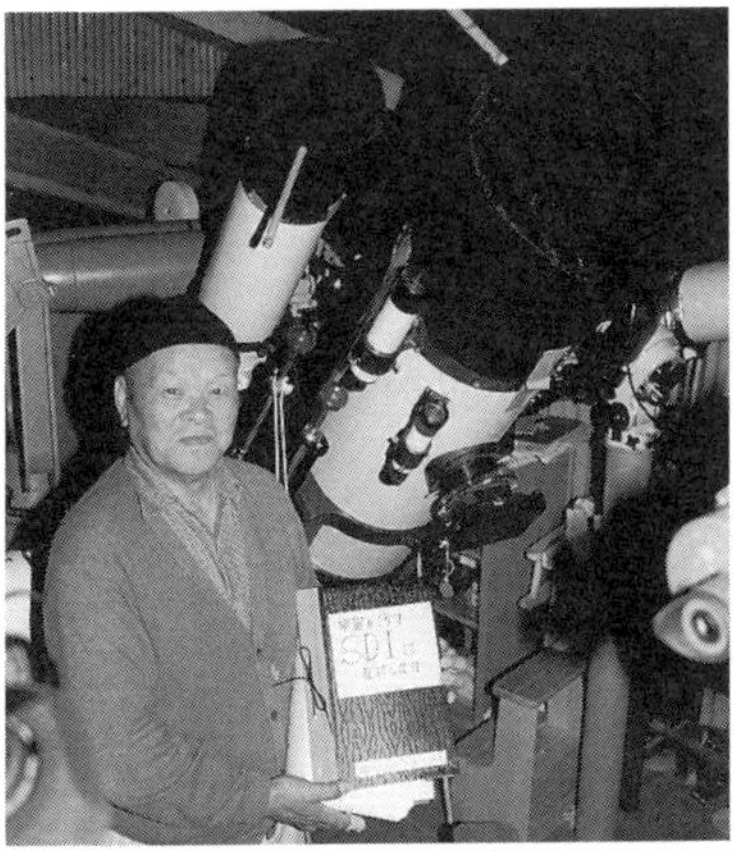

愛用の望遠鏡前でSDI反対署名を手にする本田実さん＝1989年10月17日（「星尋山荘」ホームページから）

米国は同年、ＳＤＩ構想の放棄を表明します。しかし、構想の一部はミサイル防衛（ＭＤ）の形で引き継がれるなど、宇宙の軍事化は続いています。ＮＰＯ日本スペースガード協会が岡山県で実施している小惑星の観測に米軍が注目し、データ提供を求めるなど、その波は民間にも及んでいます。

大野さんは、宇宙の軍事化に危機感を抱くとともに、ＳＤＩ反対で示された研究者と市民の共同が改めて輝きを増していると強調します。新しい星の発見に生涯をかけた本田さんの言葉に、天文愛好家の願いが凝縮されていると訴えます。

「私たちは、何万年も何千年もかけてたったいま届いたばかりの星の光を見ている。そんな宇宙を汚しちゃいけない。私は、なにものにもじゃまされずに星を見続けていたいだけなんです」

軍《ぐん》事《じ》依《い》存《ぞん》経《けい》済《ざい》

2016年 9 月 15 日　初　版

著　　者 しんぶん赤旗経済部
発 行 者　田　所　稔

郵便番号　151-0051　東京都渋谷区千駄ヶ谷 4-25-6
発行所　株式会社　新日本出版社
電話　03（3423）8402（営業）
03（3423）9323（編集）
info@shinnihon-net.co.jp
www.shinnihon-net.co.jp
振替番号　00130-0-13681
印刷・製本　光陽メディア

落丁・乱丁がありましたらおとりかえいたします。

ISBN978-4-406-06060-8 C0033　Printed in Japan